U0307405

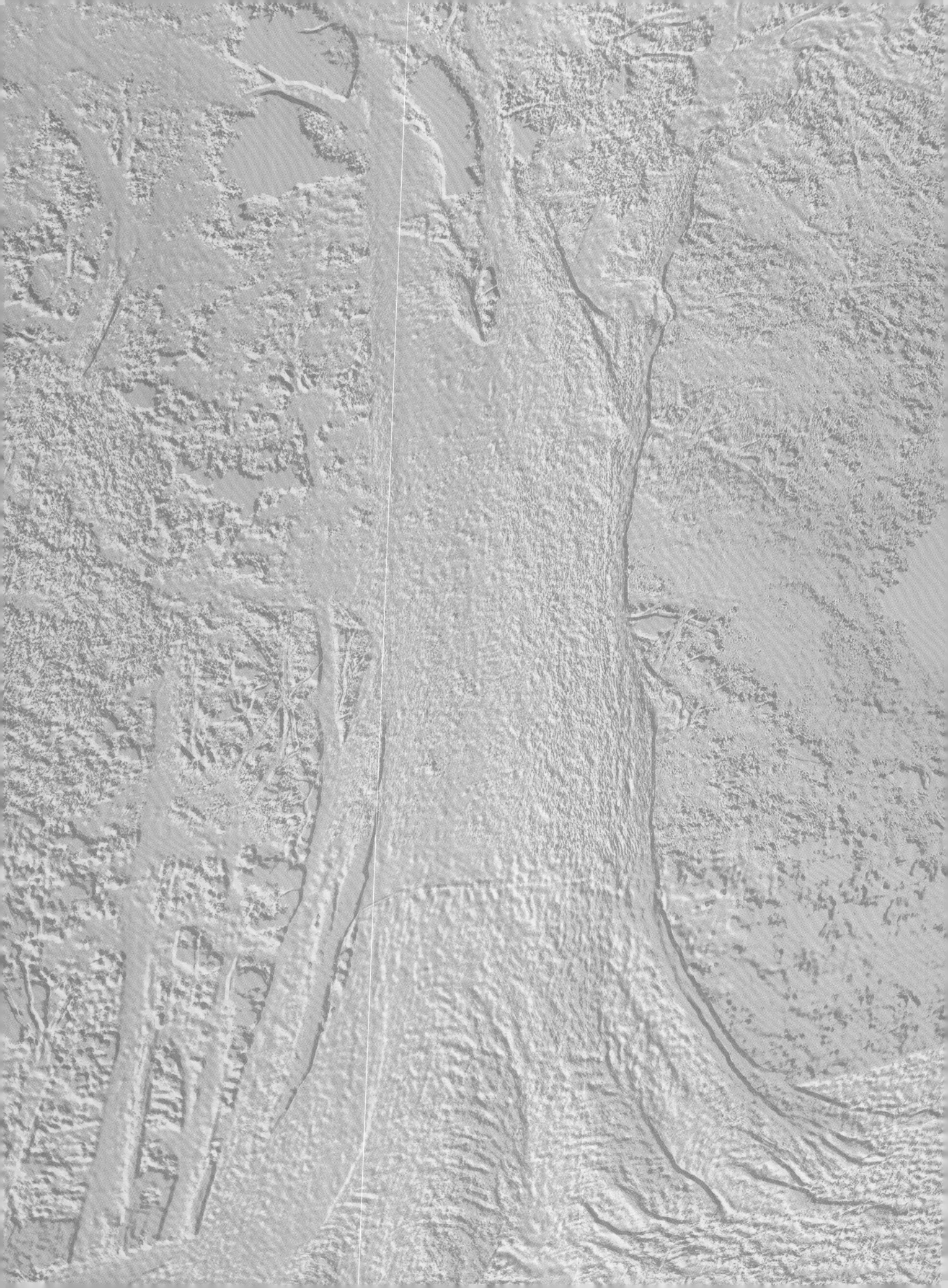

雅安古树

中国人民政治协商会议
四川省雅安市委员会 编著

四川科学技术出版社

雅安生态文化旅游系列　编委会

主　任　戴华强

副主任　李景峰

编　委　杨　力　陈茂瑜　李　诚　李阳军
　　　　赵　敏　高　凯　陈　俊

《雅安古树》

编著　中国人民政治协商会议四川省雅安市委员会

协编　雅安市林业局

编辑部

主　　编　李景峰

副 主 编　杨　力　陈茂瑜　陈　俊　冯贵强　陈继红

执行主编　张雪梅

专业指导　韋云杰

编　　辑　魏华刚　石玉龙　黄　琴

审　　稿　郭茂琼　陈国明　陈智强　杨　共　何明军　山　川

编　　务　刘江敏　康元松　叶　雪　杨本庶　胡清强　陈宣明
　　　　　郭　忠　耿俊杰　何　彤　罗万勋　王自勇　杨倩倩
　　　　　陈春芽　杨　琴　罗永建　郑建贵　龚　勇　杨　剑
　　　　　李　瑜　周　静　陈国芳　陈帮勇　杨　永　魏晓峰
　　　　　张瑞江　黄　继　王　敏　李　胜　王晓波　白克军
　　　　　张淑荣　白汶洋　康钉荣　袁　明　赵　毅

序

雅安市位于四川盆地西部边缘，是四川盆地与青藏高原的过渡地带、汉文化与民族文化的过渡地带、现代中心城市与原始自然生态区的过渡地带，是古南方丝绸之路的门户和必经之路，素有"川西咽喉""西藏门户""民族走廊"之称。境内山脉纵横、河流密布，山高谷深的地势地貌和独特的气候生态条件，为众多野生动植物提供了生存繁衍的家园，被誉为"天府之肺""动植物基因库"。

最新普查结果显示，雅安现存古树名木1 373株，涵盖楠木、银杏、黄葛树、枫杨等树种。它们是大自然变迁的历史见证，承载着雅州大地的自然、历史和文化内涵。

古树名木是森林资源中的灿烂瑰宝。美丽雅安不仅有国宝大熊猫，也有被誉为"活化石""活文物"的珍稀植物珙桐、桫椤等。它们不畏严寒酷暑，不惧霜刀雪剑，经风雨而不变色，生生不息，福及人类，是自然界和前人留下的不可再生的珍贵自然遗产。

古树名木是雅州大地上的厚重史书。欲问古树年几何，树阅行人已百年。历经沧桑的古树名木，客观地记录和反映了历史的变迁、社会的发展、文化的繁衍，见证了众多历史事件和人物经历。名山区蒙顶山天盖寺古银杏树，与七株千年茶树相伴，诉说着世界茶文化的起源；荥经县云峰寺古桢楠树，绿冠凌空，直冲云霄，享有"中国最美桢楠"盛誉；雨城区碧峰峡镇的红豆树，被赋予爱情象征，被评选为"四川十大树王"并位居榜首，带给人们无限遐想。

古树名木承载着雅安人民的绿色守望。百草含英，万木有灵。一株株古树名木以无与伦比的美丽装点着绿色雅安，营造出人与自然和谐相处的佳境。雅安市从1999年在全省率先启动退耕还林开始，爱绿、植绿、护绿、兴绿已成为广大市民的自觉行动。历届市委始终坚持生态优先、绿色发展，用心用情守护绿水青山，加快建设长江上游生态高地，全市森林覆盖率连续多年位居全省首位。在市委、市政府的领导下，各级各有关部门进一步加强了古树名木保护利用，促进它们与生态文明建设、乡村振兴发展、文化旅游提升等交汇互融，让这些历经人间秋色的古老大树枯木逢春、新枝争荣。

编撰出版《雅安古树》，是深入贯彻落实习近平生态文明思想的具体行动，是传承历史文化的重要任务，是促进人与自然和谐共生的内在需要，对全面掌握全市古树名木资源现状、开展相关科学研究以及制定保护管理措施具有重要的参考价值。保护好古树名木，就是保护了一座优良林木种源基因库，保护了祖先留给我们的宝贵财富。《雅安古树》的问世，对于弘扬中华民族植树造林的优良传统，普及科学知识，增强人民的爱绿意识和保护意识，促进生态文明建设，具有十分重要的意义。

在《雅安古树》的编撰出版工作中，市、县（区）政协通力合作，林业部门和摄影家协会鼎力支持，广大政协委员积极参与，各级各有关部门和有关人士大力支持，在这里一并表示衷心感谢！

岁老根弥壮，阳骄叶更阴。愿《雅安古树》能唤起更多的人对古树名木的热爱与关注，让古树名木这一大自然的瑰宝继续焕发生机，真正走向枝繁叶茂，为助推"川藏铁路第一城、绿色发展示范市"的建设添上一抹亮丽的绿色。

雅安市政协主席 戴华强

目 录

第四章　百年风华

第一章

走近雅安古树

"川藏铁路第一城、绿色发展示范市"的建设，正成为雅安人民奋斗的目标。森林和古树的保护和利用，是其中的重要支撑。

让我们一起走近雅安古树，欣赏它们的外形之美，领略它们的历史之邃，感受它们的文化之蕴，探索它们的科学之谜。

山水林田湖，是一个生命共同体，人的命脉在田，田的命脉在水，水的命脉在山，山的命脉在土，土的命脉在树。如果说，树木是人类重要的生态文明资源、地球生命共同体的命脉之根，那么，森林和古树，就是人类珍贵的自然资源和地方文化传承的重要载体，是了解自然和社会历史进程的"活档案"。

在雅安，"川藏铁路第一城、绿色发展示范市"的建设，正成为雅安人民奋斗的目标。森林和古树的保护和利用，是其中的重要支撑。那么，雅安的森林面积有多大？林种分布情况如何？有多少古树名木？这些古树名木长啥样？我们该如何保护、利用它们？

带着这些问题，让我们一起走近雅安古树，欣赏它们的外形之美，领略它们的历史之邃，感受它们的文化之蕴，探索它们的科学之谜。

雅山雅雨育林木

雅安市位于四川省中部、四川盆地西缘，东邻成都、眉山、乐山三市，南接凉山彝族自治州，西界甘孜藏族自治州，北连阿坝藏族羌族自治州。全市面积 15 046

森林植被（郝立艺 摄）

平方公里，辖雨城、名山两区，天全、芦山、宝兴、荥经、汉源、石棉六县。

从自然地理环境看，雅安市处于四川盆地西缘、邛崃山东麓，跨四川盆地和青藏高原两大地形区，为盆地到高原过渡的生态阶梯地带。境内地势北、西、南三面较高，中、东部低，最高峰是西南缘石棉县与甘孜藏族自治州康定市、九龙县三地交界处的神仙梁子，主峰海拔5 793米；最低为东缘雨城区与眉山市洪雅县交界处的龟都府，海拔515.97米；海拔相差5 000多米。境内山脉纵横，地表崎岖，地貌类型复杂多样，山地多，丘陵平坝少。

从气候特征看，雅安市属亚热带季风性山地气候，垂直气候变化大，山地气候特征显著。基本气候特点是冬无严寒、夏无酷暑、四季分明、雨量充沛。雅安多年年平均气温为16℃，多年年平均降水量为1 201.4毫米。雨城区多年年平均降水量1 693.4毫米，为全市降水量最多的地方，人称"雨城"，"夏多暴雨、秋多绵雨、夜雨偏多"，俗称"雅雨"，与"雅女""雅鱼"并称雅安"三雅"。

雅安市河流属长江流域岷江水系。境内地形切割强烈，以大相岭为天然分水岭，形成北部的青衣江水系和南部的大渡河水系。由于降水丰沛，因而水系发达，水网密集。

独特的地理环境和气候条件，孕育了雅安丰富的森林资源，植被分布带谱完整，植物种类丰富，被学术界称为"天然的物种基因库"和"动植物博物馆"。

从植被上看，雅安属亚热带常绿阔叶林地带，具有植物生长的良好生态环境，境内植物种类繁多，分布广泛，群落丰富。全境山地占总面积的94%，西北高山区大部分是原始林区，盛产云杉、铁杉、冷杉等优质用材；中山丘陵区河流纵横，雨量充沛，气候温和，适宜多种树木生长。据《雅安市文化和旅游资源普查报告》（2021年6月）记载，雅安市森林覆盖率为69.14%。有林地47 726.6公顷，其中天然林25 433.3公顷，人工林22 293.3公顷；有木本植物85科350属，被列为国家一级、二级重点保护野生植物的有23种。森林植物种类繁多，用材类面积34 410.9公顷，主要有杉木、丝栗、香樟、楠木等；经济林木类面积1 718.1公顷，主要有核桃、板栗、棕树、油桐等；防护林类3 579.5公顷；薪炭林类143.2公顷；其他林类1 240.9公顷。现存的珍稀古树主要有桫椤、珙桐、峨眉含笑、杜仲、香果树、红椿、楠木、红豆杉、银杏等，其中由林业部门建档登记、挂牌保护的古树名木有1 373株，分属40科66属82种。

林木森森藏古树

一、古树名木概述

（一）古树名木的概念

古树名木一般是指在人类历史进程中保存下来的年代久远或具有重要科研、历史、文化价值的树木。

古树指树龄在100年以上的树木。

名木指具有重要历史、文化、观赏以及科研价值或者重要纪念意义的树木。在历史或社会上有重大影响的中外历代名人、领袖人物所植树木，也被称为名木。

（二）古树名木的分级

《四川省古树名木保护条例》（2019年11月）规定，古树实行分级保护，树龄500年以上的树木为一级古树，实行一级保护；树龄300～499年的树木为二级古树，实行二级保护；树龄100～299年的树木为三级古树，实行三级保护。

名木不受树龄限制，实行一级保护。符合下列条件之一的树木可以纳入名木范畴：

◎国家领袖人物、国内外著名政治人物、历史文化名人所植的树木；

◎分布在名胜古迹、历史园林、宗教场所、名人故居等，与著名历史文化名人或者重大历史事件有关的树木；

◎列入世界自然遗产或者世界文化遗产保护内涵的标志性树木；

◎树木分类中作为模式标本来源的具有重要科学价值的树木；

◎其他具有重要历史、文化、观赏和科学价值或者具有重要纪念意义的树木。

（三）古树的鉴定

◎树种鉴定。观察鉴定树种的营养器官(茎、叶)和繁殖器官(花、果)形态、解剖特征和生长特性，根据《中国树木志》的

雅安古树名木分布图

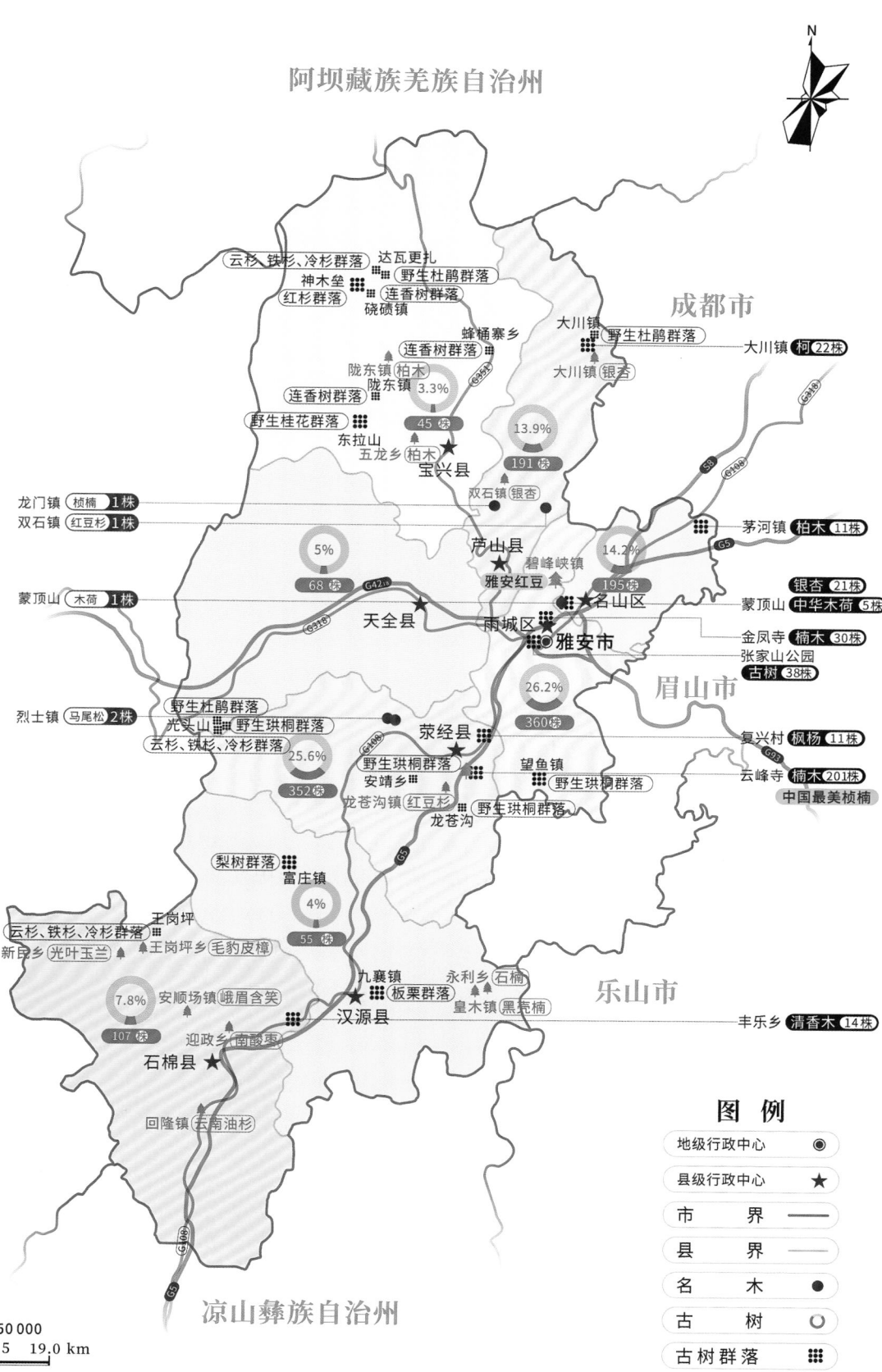

阿坝藏族羌族自治州

甘孜藏族自治州

N

成都市

云杉、铁杉、冷杉群落
达瓦更扎
野生杜鹃群落
神木垒
连香树群落
红杉群落
硗碛镇
蜂桶寨乡
大川镇
野生杜鹃群落
大川镇 柯 22株
连香树群落
陇东镇 柏木
陇东镇 3.3%
大川镇 银杏
连香树群落
45株
191株
13.9%
野生桂花群落
东拉山
五龙乡 柏木
宝兴县
双石镇 银杏
龙门镇 桢楠 1株
双石镇 红豆杉 1株
芦山县
茅河镇 柏木 11株
碧峰峡镇
蒙顶山 木荷 1株
5%
雅安红豆
14.2%
银杏 21株
68株
名山区
蒙顶山 中华木荷 5株
天全县
195株
金凤寺 楠木 30株
雨城区
雅安市
张家山公园 古树 38株
眉山市
26.2%
烈士镇 马尾松 2株
野生杜鹃群落
光头山 野生珙桐群落
荥经县
360株
云杉、铁杉、冷杉群落
望鱼镇
复兴村 枫杨 11株
25.6%
野生珙桐群落
云峰寺 楠木 201株
352株
安靖乡
野生珙桐群落
中国最美桢楠
龙苍沟镇 红豆杉
龙苍沟
梨树群落
富庄镇
乐山市
云杉、铁杉、冷杉群落
王岗坪
4%
新民乡 光叶玉兰
王岗坪乡 毛豹皮樟
55株
九襄镇 永利乡 石楠
板栗群落 皇木镇 黑荚楠
7.8%
安顺场镇 峨眉含笑
丰乐乡 清香木 14株
107株
迎政乡 南酸枣
汉源县
石棉县
回隆镇 云南油杉

凉山彝族自治州

比例尺 1:950 000
9.5   0   9.5   19.0 km

图 例

地级行政中心	◉
县级行政中心	★
市　　界	——
县　　界	——
名　　木	●
古　　树	○
古树群落	⊞

郑从伟 制图

5

形态描述和检索表，鉴定出树木的科、属、种，并提供拉丁学名和中文名。

◎树龄鉴定。根据树木健康状况、当地技术条件、设备条件和历史档案资料情况，在不影响树木生长的前提下，按以下先后顺序优先原则，选择一种合适的方法进行树龄鉴定。主要鉴定方法有：文献追踪法、年轮鉴定法、年轮与胸径回归估测法、访谈估测法、针测仪测定法、CT扫描测定法、碳14测定法。

二、雅安古树名木

（一）雅安古树名木基本情况

2016年，雅安市开展了一次古树名木资源全面普查；2020年再次进行统计核实，开展古树名木认定、公布、统一挂牌等工作。

雅安市建档登记、挂牌保护的古树名木有1 373株。其中，古树1 368株，一级古树172株、二级古树199株、三级古树997株，分别占古树总量的12.6%、14.5%和72.9%；名木5株，分布在名山区（蒙顶山红军纪念馆前1株木荷）、芦山县（龙门镇古城村1株楠木，双石镇双河村1株红豆杉）、荥经县（烈士镇烈士村2株马尾松）。

雅安市的1 373株古树名木，隶属于40科66属82种，树种主要是楠木（383株）、银杏（189株）、黄葛树（135株）、枫杨（96株）、樟（58株）、柏木（56株），这六个树种数量合计占比66.8%。

（二）雅安古树名木特性

◎珍稀濒危。雅安部分古树名木表现出珍稀性甚至是唯一的资源特点，木荷、红椿、珙桐、雅安红豆、光叶玉兰等分别现存3株、2株、2株、1株、1株。雅安红

豆为四川特有，是在雅安首次发现的新种，国务院1999年批准纳入国家二级重点保护野生植物名录，2016年列入四川省重点保护野生植物名录。

◎分布广泛。从区域分布来看，1 373株古树名木分布全市8县（区）78个乡（镇）252个村，雨城区、荥经县分布较多，分别为360株、352株，占全市古树名木的26.2%、25.6%；其后依次为名山区195株、芦山县191株、石棉县107株、天全县68株、汉源县55株、宝兴县45株。按生长场所分布，城市建成区范围内有古树259株，占总数的18.9%，其中，一级8株、二级16株、三级235株；全市农村有古树名木1 114株，占总数的81.1%，其中，一级164株、二级183株、三级762株、名木5株。

◎权属管理多样。属于国有的有600株，占总数的43.7%；属于集体的有492株，占总数的35.8%；属于个人的有281株，占总数的20.5%。

◎生长环境较好。生长环境为"好"的有1 156株，占总数的84.2%；生长环境为"中"的有37株，占总数的2.7%；生长环境为"差"的有180株，占总数的13.1%。

◎生长势正常。生长势正常的有1 157株，占总数的84.3%；生长势衰弱的有188株，占总数的13.7%；生长势濒危的有28株，占总数的2%。

（三）雅安古树群落

古树群落，指在一定区域内生长成片、相互依存的多种、多株古树组成，并形成独特生境的群体。

雅安市建档登记、挂牌保护的古树群落有19处，主要为人工种植的古树群落。

雨城区张家山公园古树群落（郝立艺 摄）

雅安市建档登记、挂牌保护的古树群落统计表

保护树种	县（区）	乡镇（街道）	村（社区）	小地名	株数
楠木	雨城区	清江街道	金凤寺村	金凤寺	30
银杏	雨城区	碧峰峡镇	红牌村	王家山瓦场头	12
银杏	雨城区	河北街道	斗胆社区	贸易校	7
樟	雨城区	东城街道	上坝路社区	张家山公园	6
银杏	名山区	蒙顶山镇	蒙山村	天盖寺	21
银杏	名山区	中峰镇	四包村		5
楠木	名山区	车岭镇	车岭社区	车岭中心校	9
楠木	名山区	蒙顶山镇	紫观村	见阳小学	6
柏木	名山区	茅河镇	茅河村	香水寺	11
中华木荷	名山区	蒙顶山镇	蒙山村		5
扁刺锥	名山区	蒙顶山镇	蒙山村		6
雷公鹅耳枥	名山区	蒙顶山镇	蒙山村	红军纪念馆	6
刺楸	名山区	蒙顶山镇	蒙山村	蒙顶山	9
楠木	荥经县	青龙镇	柏香村	云峰寺	201
楠木	荥经县	青龙镇	莲花村	小学	16
楠木	荥经县	青龙镇	莲花村	郭家坪	14
枫杨	荥经县	青龙镇	复兴村	2组	11
清香木	石棉县	丰乐乡	三星村	海燕窝	6
柯	芦山县	大川镇	三江村		22

据不完全统计，雅安还有其他集中成片、观赏性较强的野生古树群落：雨城区野生桫椤群落、野生茉莉群落、野生峨眉含笑群落；天全县野生圆叶玉兰群落；宝兴县野生桂花群落、野生连香树群落；荥经县野生珙桐群落；汉源县野生梨树群落、野生花椒树群落。在天全、宝兴、荥经、石棉等县，还分布有集中成片的野生杜鹃和云杉、铁杉、冷杉群落等。

（四）珍稀植物和国家重点保护野生植物

在经济、科学、文化和教育等方面具有重要意义而现存数量稀少的植物种类，称为"珍稀植物"。对珍稀植物的保护，是自然保护的重要内容。我国的珍稀植物多指现存的珍稀且濒危的植物。如果不给予这些植物重视和保护，将严重影响生态平衡和可持续发展。

2021年，国家公布了《国家重点保护野生植物名录》，我国有重点保护野生植物455种，被列为国家一级重点保护野生植物的有54种，为红豆杉、银杏、水杉、苏铁等。对照2021年《国家重点保护野生植物名录》统计，雅安境内有国家重点保护野生植物28科48种，其中国家一级重点保护野生植物有珙桐、光叶珙桐、独叶草、红豆杉、光叶蕨等。国家二级重点保护野生植物有桫椤、连香树、水青树、四川红杉、峨眉含笑、香果树、四川杓兰、绿花杓兰、黄花杓兰、红椿、西康玉兰、厚朴等。国家三级重点保护野生植物有麦吊云杉、白辛树、领春木、银叶桂等。

国家一级重点保护树种珙桐（别称"鸽子树"）原始群落分布于荥经、天全、宝兴等林区，又以荥经较多。珙桐为落叶阔叶乔木，高10~25米，胸径0.8米左右，代表古老残遗类群，为我国著名的特有珍贵观赏树。国家二级重点保护树种桫椤分布于现雨城区水口、和龙、对岩等乡，以水口为多；桫椤一般高4~5米，胸径15~18厘米，为古老残遗种，生于距今2亿年前的恐龙时期，是研究古气候、古地理的重要活材料。

除上述国家一级、二级、三级重点保护树种外，珍稀古树也是境内保护物种，是留传后世极珍贵的自然资源。雅安珍稀古树多分布于各县（区）名胜古迹、祠堂、庙宇、路旁等处，有银杏、古杉木、雅安红豆、柯楠、杜鹃、楠木等。

雅安独特的地理、气候条件，为这些珍稀植物、国家重点保护野生植物提供了良好

国家一级重点保护树种独叶草（黄琴 摄）

国家二级重点保护树种桫椤

国家三级重点保护树种领春木

的生境，成为它们的避难所和最后的家园。

◎荣经县龙苍沟国家森林公园。共有木本植物77科216属450种，可利用真菌资源14种，其中珙桐分布面积5 300多公顷；已知有丝栗、瓦山栲、木荷、楠木、尖叶山矾、紫花冬青、枹木、海桐、旌节花、硃迷、忍冬、毛序花揪、山樱桃、长尾槭、枹木、山胡椒、方竹、箭竹、云杉、铁杉、冷杉、中华槭、总状山矾、杜鹃等植物，仅杜鹃就有芒刺杜鹃、美容杜鹃、尖叶杜鹃等十余种。

◎石棉县栗子坪国家级自然保护区。保存着较完整的森林植被及森林生态系统，生物多样性显著、珍稀濒危物种较多、特有种丰富。有维管束植物千余种，包括珍稀植物黄杜鹃、连香树、三尖杉、领春木、红豆杉等。

◎天全县喇叭河自然保护区。植被分布带谱完整，动植物种类丰富，珍稀保护品种众多，已知维管束植物68科380属1 500余种，有珙桐、水青树、连香树等国家一级、二级、三级珍稀保护植物18种。

◎宝兴县蜂桶寨国家级自然保护区。神奇的地势地貌和独特的气候条件，使它成为许多子遗物种的避难所。区内有蕨类植物及种子植物共计155科571属1 837种（含变种和亚种），国家一级、二级重点保护野生植物有珙桐、光叶珙桐、独叶草、连香树、水青树、四川红杉、四川杓兰、绿花杓兰、黄花杓兰等。

专家学者探古树

随着近代生物分类学的发展，西方主要国家在世界范围内进行了广泛的标本资料收集工作。法国博物学家、传教士阿尔芒·戴维（P.A.David）在雅安首次科学发现大熊猫和绿尾红雉。雅安独特的动植物资源，成为专家学者们在中国，乃至川西一带探险探秘的"宝库"，雅安一时聚集了西方各大自然博物馆的目光，形成了持续不断的生物采集和考察探险活动。

穆坪地区（今宝兴县境内）成为这一系列活动的热地。从1838年起，西方的传教士、探险家、科考家们，来到穆坪及周边地区开展了一系列的生物学考察和标本采集活动，收集了大量的动植物标本，并对这些动植物做了大量的考察研究，获得了不少新的发现。他们对雅安和穆坪地区动植物的研究，构成了世界动植物区系和地理分布认知的重要组成部分，对中国乃至世界近现代生物学的发展都产生了重要影响。

根据可考文献和国外探险家日记记载，宝兴近现代的动植物科学考察活动始于第一次鸦片战争前（19世纪30年代后期），当时的宝兴为穆坪土司管辖，土司衙署设穆坪（今宝兴县穆坪镇），因而在国外科考分类学文献中，多以Mauping、Moupin、Muping和Mou-pin指代穆坪。进入20世纪后，在国内外学者关于宝兴动植物的研究文献中，多将模式标本产地表述为Muping、Paohsing或Baoxing，指代的是穆坪或宝

戴维

兴县。

在穆坪近代动植物科考活动中，最具代表性的人物是法国博物学家、传教士阿尔芒·戴维。

1869年，戴维首次进入四川西部的穆坪开展大规模的生物标本采集工作，其中大熊猫、四川羚羊、金丝猴、毛冠鹿、绿尾虹雉等珍稀动物的模式标本，以及多个食虫目和啮齿目动物的新种标本，都是他在穆坪地区最早发现并亲手制作成标本后，送到法国巴黎的国家自然历史博物馆珍藏的。除采集动物标本外，戴维在当年内还采集了多达400种植物标本，其中新种有163个（部分物种已被归并处理），包括新属类群珙桐属、马蹄芹属、囊瓣芹属和丫蕊花属等。这些植物标本主要保藏在法国巴黎的国家自然历史博物馆，其鉴定和命名主要由法国植物学家阿德里安·勒内·弗朗谢（A.R.Franchet）完成，并著成两部 *Plantae Davidianae* 专著。戴维是第一个深入我国西南高山区收集生物标本的西方学者，他的收集成果在当时的西方引起了巨大轰动，也让西方学者认识了中国西南山地丰

富的动植物区系和大量的珍稀特有物种。

1886年，法国传教士苏利埃（J. A. Soulie）在康定（打箭炉）及周边地区（包括穆坪）采集了7 000多份动植物标本。这批标本也存放于法国巴黎的国家自然历史博物馆。1889—1890年，英国博物学家普拉特（A.E.Pratt）等人进入穆坪、康定考察采集，发现了众多的杜鹃花属和报春花属物种，他们收集的这批标本对当时的西方学者认识这一地区的高山花卉资源有着重要意义。

1899—1910年，英国植物学家、园艺学家享利·威尔逊（E.H.Vilson）曾4次来到中国，3次进入横断山区进行植物资源考察和标本采集活动。他采集的植物标本主要保藏在英国的邱园和阿诺德植物园，并以其采集的植物标本为依据出版了专著 *Plantae Wilsonianae*（3部）。威尔逊被西方誉为"打开中国西部花园的人"，对植物的

1908年8月，威尔逊在汉源县三交坪老街口拍摄的柿树

威尔逊

研究和推广做出了巨大的贡献，为西方国家引种了大量花卉植物。1908年，威尔逊从雅州府（今雨城区）出发，沿茶马古道途经清溪县城（今汉源县清溪镇），过富庄、宜东、三交等乡村，翻山越岭，进入甘孜藏族自治州泸定县，在今汉源境内留下了许多地理、自然、人文照片。其中包括本书收集的几幅古树照片。

中国学者对雅安特别是宝兴动植物区系的考察和标本采集活动始于20世纪20年代。在1928年至1941年，先后有植物分类学家、园艺学家、标本采集家方文培、陈嵘、胡秀英、俞德浚、杜大华等，在宝兴县进行了大量的植物考察和标本采集活动。1936年，生态学家、标本采集家曲桂龄在宝兴县采集了1 000余份植物标本，以这一批标本为模式发表的植物新类群多达27个。

1949年以后，四川大学、南开大学、西北农林科技大学、北京自然博物馆、天津自然博物馆、中国科学院植物研究所、中国科学院成都生物研究所等十余所大学、研究机构及相关专家学者，多次在雅安、宝兴地区进行了以综合考调为目的的大规模采集活动，涉及的类群包括脊椎动物、植物、昆虫以及其他无脊椎动物等，采集了大量的标本，并据此发表了不少新种。

1908年8月，威尔逊在汉源县三交坪拍摄的皂荚树

1908年12月，威尔逊在雅州府附近拍摄的枫杨树

1954年，宋滋圃在宝兴县采集了1 400余份标本，以该批标本为模式标本命名的植物新类群多达23个；1958年前后，张秀实和任有铣等人在宝兴县采集了大量植物标本；1963年，由四川省（包括重庆）各高校和研究所组成的四川西部植被调查队在康定、折多山、二郎山和宝兴等地采集了3 400余份标本；1973—1976年，四川西部植被调查队再次在宝兴县采集了大量植物标本；1978年开始的《四川植物志》编研补点采集活动和1982年开展的蜂桶寨保护区综合科考的参与人员也曾在宝兴县采集了大量植物标本。

2016年9月至2018年7月，受四川蜂桶寨国家级自然保护区管理局的委托，四川省林业科学研究院联合中国科学院成都生物研究所在宝兴县共调查到174种地模植物，编辑出版了《四川（宝兴）蜂桶寨国家级自然保护区维管地模植物原色图鉴》一书，汇集了调查中收集的照片、标本和数据。

古树名木受保护

据民国时期《西康省通志稿》记载："境内交通梗塞，人口稀疏，高山区、大渡河、青衣江流域，天然森林多能保持原始状态。"国民党政府多次颁布保护森林法规、条例等，民间造林植树由林主各自安排，群众于每年春季在田边、地角、庭院、路旁栽植经济林木和竹子等，用材林栽植较少。1936—1947年，栽植国有、私有林326公顷，零星植树38万余株。但因灌溉不施，保护不力，未形成较好的人工林区。

民国时期，政府积极倡导植树活动。1928年，国民党政府规定3月12日为植树节，以纪念孙中山先生逝世。雅安城区各界于1930年3月12日，首次在城郊苍坪山栽植桤木、油桐等。西康建省后，雅属各县每年在植树节时，由县政府组织各社团参加植树活动，多在城镇郊区寺庙公地栽植。1946年3月12日，天全县县长苏法成率领机关、社团数十人，学生900余人，在公园及城北苦蒿山植树3 000余株。

新中国成立后，雅安各级政府及林业管理部门实施森林和古树管护，引进优良树种，建立林木良种基地，开展植树造林工作，森林资源面积得以恢复和增加，森林覆盖率不断提高。

据《雅安地区林业志》（1993年）记载，1989—1990年，雅安地区开展森林资源建档统计，有林业用地面积1 042 818公顷，为全区面积的67.5%，其中林地面积507 246公顷，占面积的33.2%；森林覆盖率为33.2%。

1999年9月，雅安在全省率先启动退耕还林工程，在两年多的试点期间，共退耕还林2万多公顷，覆盖8县（区）140多个乡镇。试点经验通过南方片区退耕还林现场会走向全国，成为这项国家重大生态战略的先行者和探路者。2014年，雅安启动实施新一轮退耕还林工程，结合调整农业产业结构，实行林竹间种、林草间种、林药间种、林茶间种等方法，并总结出"退得下、稳得住、能致富、不反弹"的退耕还林"雅安模式"。

至2019年的20年间，全市退耕还林总面积达6.5万多公顷，居全国第一位，全市森林覆盖率始终保持全省市州第一。雅安市退耕还林工程奏响了筑牢长江上游生态屏障的雄壮乐章，践行了"绿水青山就是金山银山"的生动实践。

近年来，随着国家生态文明建设工程的深入推进，古树名木的保护再次受到高度重视。雅安市各级党委、政府积极行动，认真落实国家生态文明建设和古树名木保护的各项政策、要求，大力开展植树造林、育林护树、森林公园、湿地公园、自然保护区、风景名胜区创建工作，深化细化古树名木的保护政策措施，古树名木得到了较好地管护、维护、保护。在2016年、2020年两次古树名木基本情况普查、核查的基础上，雅安市先后公布了雅安市一级、二级、三级保护古树名木名录。建立完善

芦山县隆兴中心校红豆杉古树，树高17米，胸围5米，平均冠幅11.5米。据考证，该古树种植于元代（何斌 摄）

芦山县隆兴中心校红豆杉古树（李年龙 摄）

了雅安古树名木"一树一档"图文档案信息，实施动态管理。

雅安市还充分挖掘古树名木的生态、科研、历史、文化等价值，推送雅安古树参加全国、全省的古树评比活动。雨城区雅安红豆、荥经县云峰寺桢楠分别获评"四川十大树王"之首、"中国最美桢楠"；名山区蒙顶山天盖寺银杏、石棉县迎政乡新民村南酸枣获评"四川省最具人气古树名木"之一；石棉县先锋乡解放村峨眉含笑获评"首届四川百佳古树名木"。

为促进生态文明建设和经济社会协调发展，立足建设美丽宜居公园城市（乡镇），雅安市大力推进古树公园试点建设，已建成雨城区碧峰峡镇雅安红豆古树公园、天全县仁义镇青龙岗古树公园、汉源县富林广场古树公园、汉源县入城古树公园、荥经县青龙镇云峰寺古树公园、芦山县大川镇三棵树古树公园等6个古树公园。

当前，雅安市正以建设"川藏铁路第一城、绿色发展示范市"为目标，向森林城市、生态文明城市大步迈进。

张雪梅、魏华刚／文

树在城中，城在树中（郝立艺 摄）

王者风范

在全国、全省的树王和最美古树评选中，雅安红豆、云峰寺桢楠从众多古树中脱颖而出，其树龄、树形、树高、树冠、胸围等综合特点和历史文化内涵、珍稀程度及保护价值，都堪称树中之王、最美古树。

本章将展示三株古树树王的风范，讲述树王的故事。

稳如泰山（郝立艺 摄）

"四川十大树王"之首

雅安红豆

Ormosia yaanensis

豆科 Fabaceae，红豆属 *Ormosia*

挂牌编号：51180200061

估测树龄：2 000 年

树高：47 米　胸围：8.3 米　平均冠幅：20 米

保护等级：一级

地址：雨城区碧峰峡镇后盐村晏家山

地理坐标：东经 103.048305°　北纬 30.110305°

【形态特征】常绿乔木。四川境内发现的新树种，为四川所特有。树皮深灰褐色，枝淡褐绿色，幼时被短毛，老则光滑无毛。叶互生，奇数羽状复叶。花序轴密生黄棕色短毛，花冠白色，长1~2厘米，花萼宽钟状。果序有短毛，荚果长椭圆形或椭圆形，种子椭圆形，被包裹于果荚内，1~2颗，成熟时鲜红色，种皮脆壳质，易与子叶分离。花期7~8月，果期11月~次年1月。

荫翳蔽日（罗映雪 摄）

盘根抱石（郝立艺 摄）

群仙簇拥（罗映雪 摄）

雅安红豆的叶、果、花（石玉龙 摄）

雄视群山（郝立艺 摄）

古稀古种活化石奇树——雅安红豆

"红豆生南国，春来发几枝。愿君多采撷，此物最相思。"唐朝诗人王维让我们对红豆的认识长久定格在相思的情结中。而位于雨城区碧峰峡镇后盐村晏家山的雅安红豆，却从四川众多的古树名木中脱颖而出，位列"四川十大树王"之首，把我们对红豆树的情结从相思提升而至对王者的崇拜。雅安红豆，不仅向客旅游子展示着王者的风范，也以其独特的生物属性，成为专家学者眼中的古稀古种活化石奇树。

沿红豆相思谷旅游公路前行，拾阶登上晏家山腰，但见雅安红豆巍然屹立于形如卧虎的观音巨石之上，雄伟挺拔，冠盖如茵，苍翠雍叠，彰显着王者的霸气。红豆树树冠重叠九层，投影面积约700平方米。树根外露，状似千年老龟，盘根抱石；也如虬龙巨爪，嵌入大地；还像瀑布飞流，渗入泥土。树干最粗处近十人方能围抱，树干上方树叶生长，形如一座天然观音像；主干距地面约5米处有分枝若干，向上伸展或斜展。主干分枝以下中空，根基处有豁口可容人侧身钻入树洞。树洞里自上而下寄生两根金藤直插大地，金藤在基部相互缠绕，形成藤瘤，煞是可爱。若从高空俯瞰，红豆树高出周围树木10多米，在众树中鹤立鸡群，突显奇特。

春末夏初，满树盛开红白相间的蝶形

花，散发出淡淡的幽香，花谢后结出肥厚的绿豆角；秋冬季节，游人成群结队在树下等待豆角落地，掰开豆角，里面镶嵌着成双成对的红豆果。当地老人讲，此树开花不分季节，结果不分时候，有时半树开花结果，有时又整树开花结果，有时三五年才结一次果。1999年最为茂盛，豆挂满枝，蔚为神奇，三年才掉光。所结之果"红豆"，亦称"相思豆"，形似心脏，颗粒饱满，硕大纯红，色泽透亮。常有怀春的少男少女前来膜拜此树，挂结红绳，捡拾红豆，祈求爱情地久天长。

喜欢捡拾红豆的，不仅有少男少女，更有不少专家学者。有关专家用红豆果试验使其再生，多年来试验未能如愿。1986年，四川省林业科学研究所一位叫赵能的专家对雅安红豆进行了鉴定，断定此树来历不凡。赵能表示，红豆在四川仅记载有两种，而这株树是罕见的第三种，系一新种，堪称植物界的古稀古种活化石。专家从植物分类学上将此树定为蝶形花亚科，冠以拉丁学名雅安红豆，估测树龄为2 000年，命名为"雅安千年红豆树王"，当即挂牌定人妥为保护。

而相关部门和媒体的关注，又让雅安红豆不断进阶"网红古树""千年红豆树""红豆仙树""最美红豆树""四川十大树王"等。

2004年，雅安红豆被四川省林业厅、《华西都市报》评为"天府树王"；2014年，中央电视台中文国际频道《中国古树》摄制组，专门拍摄《中国古树——雅安红豆树》特辑；2018—2019年在全国绿化委员会办公室和中国林学会组织开展的"中国最美古树"遴选活动中被评为"最美红豆树"；

2020年被四川省绿化委员会办公室、省林业和草原局评为"四川十大树王"，位列榜首。雅安红豆还被各方誉为"西南地区最大的古稀古种活化石奇树"。

雅安红豆估测2 000年的树龄也使之成为自然的传奇。它的种子从何处来？为何此种独此一株？周边又为何没有伴生的红豆小树？这成为一个千古之谜，只有留待专家学者去研究，让文人墨客去揣摩……

红豆树太老了，也不知什么时候就老起了"灵性"，老起了"仙气"，村民们谓"红豆仙树"，他们指着一块变异的树瘤和残存的枯枝告诉我们：传说袁世凯称帝时，本来青枝绿叶的古树，突然黄了；这是东南亚海啸灾难、汶川大地震时的印记……红豆树都有"记载"可查。红豆树因而成了久负盛名的奇树异木，较矮的树枝和四围的铁丝网上，因此挂满了人们祈福祈寿、消灾除病的红布条。

为保护红豆树，后盐村村民形成习俗，每年3至5月后盐村降水最少的时节，村民们纷纷自发挑水补给红豆古树，助其健康生长。

而今，雨城区碧峰峡镇建成了雅安红豆古树公园，石雕护栏、漫步便道、石碑标识、休憩场所，都凝结着政府和人民对雅安红豆的深情，对雅安红豆的爱护。优化公园林分结构，科学配置乔灌花草，公园、林园、花园、文园的建园方式，再次提升了雅安红豆古树公园的观赏度、文化感、艺术性，成为"望得见山、看得见水、记得住乡愁"的富有特色的古树名木保护亮点。

张雪梅、李文洪／文

中国最美桢楠、四川十大树王 **云峰寺桢楠**

云峰寺天王殿前的两株桢楠王。石阶左二挂牌编号 51180200118，石阶右二挂牌编号 51180200192（王维富 摄）

挂牌编号：51180200118
估测树龄：1 700年
树高：29.1米　胸围：7米　平均冠幅：20米
保护等级：一级
地址：荥经县青龙镇云峰寺
地理坐标：东经102.871000°　北纬29.768983°

王维富　摄

刘敬忠 摄

孙明经 1939 年拍摄的桢楠"金丝树圣"

李宁 摄

李宁 摄

挂牌编号：51180200192

估测树龄：1 700 年

树高：30.5 米　胸围：7.8 米　平均冠幅：9 米

保护等级：一级

地址：荥经县青龙镇云峰寺

地理坐标：东经 102.871200°　北纬 29.769013°

李宁 摄

孙明经1939年拍摄的桢楠"金丝树后"

王维富 摄

桢楠王的千年传奇

2010年5月10日，中央电视台《国宝档案》为荥经县青龙镇云峰寺的桢楠林拍摄并播出专题片《寻访桢楠王》。位于云峰寺天王殿前的两株最古老的楠木，民间习惯称"桢楠"，被誉为"中国桢楠王"。

2015年，这两株桢楠又入选《1 000株中华人文古树保护名录》，2018年被全国绿化委员会办公室评为"中国最美桢楠"，2020年被评为"四川十大树王"。

与两株桢楠共生的，还有197株参天古桢楠，它们构成了中国现存最完整的古桢楠群落、中国西南地区最大的桢楠林，尤以云峰寺天王殿石阶两侧的两株桢楠最为壮观。千百年来，围绕这片桢楠林，演绎了许多的传奇。

—— 树与寺，相生相依 ——

桢楠林的传奇故事，当与云峰寺有不解的渊源。

先来说说云峰寺。

史料载，云峰寺始建于唐，赐额于宋，兵毁于元，重建于明，续修于清。在此之前，东汉末年严道（今荥经县）黄氏家业兴旺，在此兴建家庙，供奉孔孟。黄家显赫几代后家道中落，家庙荒废。有一游方道人来此安身，八方化缘，扩建成了道观，改为"三清宫"。东晋时期，这里又成了西南最大的辟支佛道场。我们推测，两株桢楠王应是当初黄氏家庙的人种下的。

又据何元粲、李炳中《荥经县石佛寺主龛及题记残文考释》（1992年）的介绍，唐朝中期，剑南西川节度观察使韦皋西抗吐蕃，为方便运送军粮，扩展青衣江航运，凿通了乐山至雅安的水道，并于沿线兴建二十余座庙宇，祈求保佑水道畅通。这些庙宇，也就构成了闻名遐迩的辟支佛道场。云峰寺，就是曾经的辟支佛道场之一。时隔千年，这片庞大的道场早已湮没在历史的岁月中，仅云峰寺香火依然。

愚生（黄永功，荥经人）《严道奇观太湖寺》（1987年）又说，唐时，云南鸡爪山有一行脚僧，随身背了二十四株香杉和二十四株菩提树种苗，前往峨眉山朝圣，途经此地小住，便将香杉和菩提树栽在这里。当他从峨眉山返回时，见所植幼树生机盎然，一片葱茏，自觉有缘，遂留下落脚安身，四处化缘，扩建寺庙，道观逐渐变成佛寺，并保留了原来儒、道两家的部分特点，后改名太湖石云峰寺。今天，这些高耸入云、枝繁叶茂的古桢楠树木，就是儒、道、佛修行者先后栽植的。两株"桢楠王"是先期儒家人栽植的。

后来，寺庙历经各朝各代战乱，仍反复重建而保存至今，成为"西蜀名刹"。古树也与寺庙相生相依。元初，此地遭受兵灾，寺庙被毁，园林被烧。寺内的僧人们在重建、修复寺庙的同时，也将桢楠作为神树广为栽种，最多时有千余株，至今仍保存了199株，其中树龄达千年的就有30多株，形成了中国西南地区罕见的桢楠群落。因其年代久远、树种名贵，被称为"中国最美桢楠林"。

其中，两株最大的桢楠树位于云峰寺天王殿前的石阶两旁，人们形象地将之喻为大烛；桢楠树前又有两株笔直高大的香杉，人们将之比作一对高香。

楠如烛，杉如香，由唐至今，云峰寺香火不绝。

这两株桢楠树已经有1 700岁了，左侧最大一株"桢楠王"，树干底部要七八个人牵手才能合围，树干如擎天之柱，直冲云霄；树冠如绿色大伞，遮天蔽日；裸露的树根若群龙虬结，铺展于地。同时，树身还附生有兰草、千年灵芝等寄生植物，一树多景，令人赞叹。

石阶右侧一株更为奇特，树干分开巨大的枝杈，一枝光秃枯朽，另一枝却依旧枝繁叶茂。据寺内僧人介绍，数百年前，此树曾遭雷击，树干被雷电击中，众人都以为古树已死。却不想时隔数月，枯木的枝干上又长出新枝，年复一年，古树不断向另一个方向生长，形成了"一生一死，生死同根""一枯一荣，枯荣相依"的奇特之树，村民说这是"还魂树""打不死的树"。

树圣树后，护林护寺

1939年8月，孙明经率领的川康科学考察团来到云峰寺，见"凡来此寺的善男信女以及寺中进进出出的各种人，接近或经过此树时皆双手合十，对其敬若神灵，也有远路而来专门向这株巨树礼拜祈求降福的"。

孙明经十分好奇。荥经烧制黑砂历史久远，历来又盛行土法炼铁，都需要砍伐大量的硬杂木作为燃料；明清时期大规模采伐，为什么这片桢楠林能够独存？

作为一个学者，他一边拍摄一边研究，不仅为云峰寺留下了20多幅珍贵的照片，还深入民间收集了两则与桢楠林有关的趣闻，在《中国百年影像档案·孙明经纪实摄影研究》中，留下了桢楠林与历代"皇木"御采之事的传奇。

桢楠，作为木材，其中精品被称为"金丝楠木"，其纹理细腻，有的还会自然长出山水画一般的花纹，在阳光照射下，不仅能看到丝丝金光，还能闻到阵阵幽香，每逢下雨或空气潮湿，幽香更加浓烈，令人身心宁静。

然而，金丝楠木生长速度缓慢，要四五百年方能成材，这使得它更显珍贵、稀有。金丝楠木，不但是世间珍贵的木材，更因为它内敛而奢华的气质，成为皇室专用的木料，被称为"皇木"，多用于皇家宫殿、寺庙建筑等。

史料记载了三次大规模有组织的楠木采伐。

明永乐四年（1406年），明成祖朱棣派工部尚书宋礼到四川督促采木，耗时十年，

"良材巨木，已集京师"，这些楠木被用来修建皇家宫殿。第二次是明世宗朱厚熜在位期间，太庙、奉天等大殿先后毁于火灾，皇帝再次派官员到四川、湖广采办楠木。第三次在万历年间（1573—1620年），坤宁宫火灾势猛，延烧数宫，明神宗朱翊钧不得不拨出银子360多万两，采木官员又浩浩荡荡往四川、贵州、湖广的深山中寻找楠木。

云峰寺楠木，却躲过了这多次劫难。据传，明朝初年，朱棣派人遍寻天下的金丝楠木巨株。某日，寻木专差得报，荥经县云峰寺庙门外有两株巨大的金丝楠木。于是专差带领一干人马火速赶到荥经。第二天一早，县城天空万里无云，风清气爽，专差率领人马出县城，浩浩荡荡直奔两株巨树而去。就在队伍要接近两株巨树时，忽然一声巨雷暴响，一道闪电劈下，只见黑云滚滚，狂风骤起，拳头大小的冰雹铺天盖地，打得专差和一干人马四下躲藏，直至天黑方止。第二天天亮，县城依旧万里无云，清风徐徐，专差不敢怠慢，再次集合人马开奔云峰寺。待人马接近巨树，忽又惊雷暴响，闪电霹雳，黑云滚滚，专差和手下多人被冰雹打伤。如是三日，伐木者就是不能到达树下。

从此，这两株巨树，大的一株得名"金丝树圣"，稍小的一株得名"金丝树后"，朝拜者闻讯而来，数百年不断。

清朝末年，慈禧专权，她对自己的万年吉地动了心思，要用金丝楠木建一座大殿。经历朝历代的采伐，能成大材料的金丝楠木已经很难找到，云峰寺的这片桢楠林，进入了她的"法眼"。于是，浩浩荡荡的伐木队伍再一次开进了荥经县。同朱棣派来的专差队伍不同的是，这支队伍还装备了德国造的洋枪、英国造的野战炮、美国造的加特林重机枪。队伍威武地出荥经城门，奔云峰寺而去。刚刚出城不远，晴朗的天空忽然雷电交加，冰雹飞散，落到炮弹上，炮弹就地爆炸开花；落到子弹上，弹头漫天飞舞。伐木队伍里顿时血光四溅，血肉横飞，吓得伐木专差和地方大员抱头鼠窜。

民国时期，1934年夏，西康省政府主席、国民党二十四军军长刘文辉率部驻扎云峰寺，一名士兵吸完烟后，随手将烟头丢在一株桢楠树下引燃枝叶。火势虽被即时扑灭，但这株桢楠却叶焦枝秃。好在这株桢楠有强壮的生命力，又重新开枝散叶。

据说，刘文辉得知后，非常气愤。他是如何处理"肇事"士兵的不得而知。但他也许感觉到这是一种"孽障"吧，便撰了《心经》，嵌于入寺必经之处的澄心岩上，以此表达他对树和寺的爱护。

巧的是20多年后的1959年，已经65岁的刘文辉被任命为林业部部长，他的爱林护树之情变成更加切实的行动。

传说其实反映的是人们对古桢楠树的保护之心、珍爱之情。

1984年，国务院把桢楠列入珍稀濒危保护植物名录和重点保护野生植物名录，加大了保护力度，禁止砍伐。云峰寺的这两株桢楠，也频频"加冕"王冠。这片历经岁月沧桑的古桢楠林，从此成为世人眼中的风物至宝，吸引无数的脚步来此探寻、瞻拜。近年来，荥经县开发建设了云峰寺古树公园，这两株桢楠王，这片千年古桢楠群落，以及与它们共同生长的古树，继续在这里开枝散叶，见证着新的传奇。

周安勇／文

千载沧桑

第三章

千年古树，不仅是树中古者，更是树中强者。

它们经风历雨，历经沧桑，仍扎根大地，枝干强壮，花叶繁茂。

名山区蒙顶山天盖寺 "十二金钗" 银杏

挂牌编号：51180300121

树高：27.7米　胸围：3.6米　平均冠幅：14米

挂牌编号：51180300122

树高：29米　胸围：3.5米　平均冠幅：13米

挂牌编号：51180300123

树高：29.4米　胸围：3.6米　平均冠幅：14米

挂牌编号：50080300124

树高：30.8米　胸围：3.5米　平均冠幅：13米

挂牌编号：51180300125

树高：29.4米　胸围：3.2米　平均冠幅：14米

挂牌编号：51180300126

树高：26.8米　胸围：2.2米　平均冠幅：11米

挂牌编号：51180300127

树高：29.5米　胸围：4.7米　平均冠幅：14米

挂牌编号：51180300128

树高：13.1米　胸围：1.8米　平均冠幅：12米

挂牌编号：51180300129

树高：28米　胸围：2.8米　平均冠幅：15米

挂牌编号：51180300130

树高：28米　胸围：3米　平均冠幅：15米

挂牌编号：51180300131

树高：18.1米　胸围：1.8米　平均冠幅：13米

挂牌编号：51180300132，

树高：16.9米　胸围：1.8米　平均冠幅：12米

估测树龄：均为2 204年

保护等级：均为一级

地理坐标：东经103.045209°～103.045642°
　　　　　北纬30.081660°～30.082053°

魏发贵 摄

周志坚 摄

袁明 摄

袁明 摄

袁明 摄

郝立艺 摄

袁丁 摄

蒙顶山天盖寺银杏非指独木，而是绕寺而生的古银杏树群，有12株紧密排列，皆为雌树，被称为"十二金钗"，也被评为"四川省最具人气古树名木"之一。

"十二金钗"是目前中国最古老的人工种植的古银杏树群，遮天蔽日，苍劲秀丽，每到深秋，"千山都看霜叶红，独有蒙顶一片金"。

西汉时期，茶祖吴理真在蒙顶山栽种茶树，相传这12株银杏也是他亲手所植。他一共栽下了14株，其中只有一株雄树。20世纪70年代，这唯一的雄性银杏被雷电击中死亡，之后，一株雌性银杏也倒地而枯，古银杏树因此只剩下"十二金钗"。"十二金钗"呈半圆形列于山崖间，高低有序，皆顺山势而长，轻微倾斜，树势雄伟，

冠呈伞形，环抱保护着天盖寺，这种环抱的古银杏群在国内也极为罕见。"十二金钗"所产白果被誉为"蒙顶四仙"之一，和普通的银杏果有些许差别，无胚芽，腰上有环带，被称为"玉带空心果"，具有较高的食疗食补价值，民间美食有白果炖仔鸡、炒白果等。

千年时光流逝，银杏树变为参天大树，粗壮、笔直的主干直插云霄，一片生机盎然。春发柔嫩之芽，玲珑可爱；夏展浓荫蔽日，引游人在树下乘凉品茶；秋披满身金甲，尽显贵气；冬染银装素裹，皑如童话之树。"十二金钗"四时四韵，皆有风情，赏悦者众多。

——据《四川古树名木》

廖旭东 摄

雨城区多营镇葫芦村 "百子千孙"银杏

挂牌编号：51180200169

估测树龄：1 800年

树高：22米　胸围：7米　平均冠幅：20米

保护等级：一级

地理坐标：东经102.967472°　北纬29.948333°

李依凡 摄

雨城区多营镇葫芦村生长有一株树龄已逾千载的银杏树，树干中空，形状奇特，枝丫遒劲，状如虬龙远飞扬，势如蟒曲时起伏。老树新枝犹如几世同堂，村民称此树"百子千孙"。相传为周公卜卦时种下，当地人又称"周公神树"。

该银杏树被村民视为"吉祥树""子孙树""人才树"。

此株古树在岁月长河中历经劫难，不屈不挠，古树粗大的主干曾被拦腰折断，在断处又长出无数枝干，生生不息。据当地村民讲，该树曾遭国民党二十四军的刀砍火烧。20世纪70年代，村里修学校，比背篼口还粗壮的树枝被砍制作课桌和板凳。二十余年前，曾有不法分子想进山盗伐此树，村民自发赶到树前阻止。

宝兴县陇东镇陇兴村　柏木

挂牌编号：511182700007
估测树龄：1 702年
树高：26米　胸围：7.5米　平均冠幅：28米
保护等级：一级
地理坐标：东经102.702153°　北纬30.505389°

宝兴县陇东镇陇兴村古柏树长在半山坡上，远远望见，就被深深震撼：古树高耸入云，枝叶繁密。站在树下仰望，但见腰身粗壮，冠如华盖。

当地村子里还流传着这样一个故事：古时候，附近山坡上住着上百户人家。有个孩子偶尔会到树下乘凉、读书。他渐渐发现，在这株树下读书，思路敏捷、文思泉涌、过目不忘。于是，他每天都到树下静心苦读，如有神助，后来考取了秀才。有心人这才发现，这株树长在山凹处，四周的地势形似一把官椅，柏树端端地长在官椅中间。此后，柏树便成了远近闻名的"神树"，村民常来祈福、许愿、求官、求婚、求子、求平安、求富贵。穆坪土司得知此树神奇之事后，专门在离柏树50米外的平台修建了碉楼，派兵驻扎保护柏树，每年还定期前去祭拜。

柏木 *Cupressus funebris*

柏科 Cupressaceae，柏木属 *Cupressus*。别名香扁柏、垂丝柏、黄柏。

【形态特征】乔木，高可达35米，胸径可达2米。树皮淡褐灰色，小枝细长下垂，较老的小枝圆柱形，暗褐紫色，雄球花椭圆形或卵圆形，球果圆球形，种子宽倒卵状菱形或近圆形，熟时淡褐色。花期3~5月，种子次年5~6月成熟。

【分布】柏木为中国特有树种，分布于长江流域及以南地区，以四川、湖北西部、贵州栽培最多，生长旺盛。柏木在华东、华中地区分布于海拔1 100米以下，在四川分布于海拔1 600米以下，在云南中部分布于海拔2 000米以下，均长成大乔木。模式标本采自浙江杭州。

【主要价值】中国栽培柏木历史悠久，树姿端庄，适应性强，抗风力强，耐烟尘，木材纹理细，质坚，能耐水，常见于庙宇、殿堂、庭院。木材为有脂材，材质优良，纹直，结构细，耐腐蚀，是建筑、车船、桥梁、家具和器具等用材。茎皮纤维制人造棉和绳索。叶入药。

【濒危等级】国务院2021年8月7日批准为国家二级重点保护野生植物。

张华 摄

41

石棉县安顺场镇解放村　峨眉含笑

挂牌编号：51182400070

估测树龄：1 900年

树高：22.5米　胸围：6米　平均冠幅：23米

保护等级：一级

地理坐标：东经102.237411°　北纬29.283564°

王昌义 摄

张家宁 摄

王昌义 摄

李琦 摄

石棉县回隆镇福龙村　云南油杉

挂牌编号：51182400040

估测树龄：1 680年

树高：31米　胸围：5.3米

平均冠幅：20米

保护等级：一级

地理坐标：东经102.341456°

　　　　　北纬29.136272°

宝兴县五龙乡铁坪山村　柏木

挂牌编号：511182700033

估测树龄：1 602年

树高：31.2米　胸围：7.5米　平均冠幅：14米

保护等级：一级

地理坐标：东经102.715373°　北纬30.389675°

张华 摄

44

张华 摄

　　站在宝兴县五龙乡铁坪山村任何地方，抬头便可看见柏树岗那株密林中突兀而立的柏树。站在柏树前，一眼便可看完村子任何一个角落。

　　柏树岗在村后像一条巨龙从深山俯冲而下，柏树则像一个忠诚的卫士，守护着村子。古树枝繁叶茂，苍劲葱郁。最为奇特的是，在树周围方圆数百米都找不到一块大石头，而柏树遒劲粗壮的根系，却如龙爪紧紧包裹着一大堆大小不一的石块，扎入泥土深处，看起来柏树又像用无数的根须覆盖着一大堆乱石。

　　现在，柏树下平坦处合葬着七位剿匪烈士。

　　1951年夏，解放军宝兴县警卫营一连二排奉命组建追剿分队，剿杀乡匪王永强，战斗中，六名解放军战士和一名民兵壮烈

张华 摄

牺牲。当地群众自发举行了隆重的追悼会，并将七名烈士的遗体合葬在柏树下，让千年古树护佑英烈英魂。

45

荥经县青龙镇云峰寺　楠木

挂牌编号：51182200151

估测树龄：1 500年

树高：25米　胸围：7.9米　平均冠幅：15米

保护等级：一级

地理坐标：东经102.870973°　北纬29.769265°

尧和平 摄

尧和平 摄

荥经县烈士陵园 楠木

刘敬忠 摄

刘敬忠 摄

挂牌编号：51182200332

估测树龄：1 500年

树高：25米 胸围：5.3米 平均冠幅：27米

保护等级：一级

地理坐标：东经102.833900° 北纬29.796022°

李宁 摄

王昌义 摄

石棉县安顺场镇解放村　峨眉含笑

挂牌编号：51182400072

估测树龄：1 400 年

树高：25.5 米　胸围：1.5 米　平均冠幅：30 米

保护等级：一级

地理坐标：东经 102.237556°　北纬 29.293106°

峨眉含笑（王昌义 摄）

何斌 摄

芦山县双石镇石宝村 银杏

挂牌编号：511182600155

估测树龄：1 400 年

树高：26 米　胸围：5.6 米　平均冠幅：12.5 米

保护等级：一级

地理坐标：东经 102.938085°　北纬 30.297828°

石棉县迎政乡新民村　南酸枣

挂牌编号：51182400048

估测树龄：1 260年

树高：20.5米　胸围：9米　平均冠幅：25米

保护等级：一级

地理坐标：东经102.423944°　北纬29.279353°

王昌义　摄

迎政乡提供

50

李琦 摄

石棉县迎政乡新民村南酸枣，别名毛脉南酸枣，被评为"四川省最具人气古树名木"之一，是当地村民心中的"菩提树"。

此树树干粗壮，盘旋而上，造型奇美。尽管长于地势险要处，但其根系牢牢钻进泥土，紧扼石头，彰显出顽强的生命力。

传说少林寺达摩大师只履西归时，顺印度洋岸边来到中国的南方，感觉从中土去往西天的山川太荒凉，沿途应当播种菩提南酸枣树。他念经施法，想广施散种，可惜他将衣钵法器传给了慧可，身旁只有一根锡杖、一只鞋子、一套僧衣，还赤着一只脚。达摩大师的功力因此大打折扣，便将最后一颗南酸枣种子撒在了大渡河畔。于是就有了今天的这株菩提南酸枣树。

当地百姓中还流传着这样一个故事：清朝时，一位浙江盐商途经此地，于树下休息。惬意之时，他见鞋底破洞，就将鞋脱下随意挂在树枝上。回浙江后，盐商接水洗脸，只见水盆中竟出现这株酸枣树的树影，树枝上还挂着他的那双破鞋。盐商明白自己冒犯了树，便回到树前，将鞋子取下，虔诚敬拜。之后，盐商每年都要到树前敬拜，他的生意也越做越红火。

南酸枣树主要生长在印度及东南亚，在中国主要生长在南方各省区，进入北纬30°线，还有这种树生长实属难得。南酸枣果实是一种非常珍贵的菩提果实，果熟蒂落，顶部有五个小孔，里面有五颗种子，像五个眼睛，首尾贯穿打洞，制成佛珠，便称为"五眼六通"。

康钉荣／文

彭忠 摄

名山区蒙顶山　银杏

挂牌编号：51180300182

估测树龄：1 204 年

树高：18.3 米　胸围：3.9 米　平均冠幅：20 米

保护等级：一级

地理坐标：东经 103.051571°　北纬 30.073137°

石棉县安顺场镇解放村　峨眉含笑

挂牌编号：51182400071

估测树龄：1 200年

树高：26.5米　胸围：4米　平均冠幅：25米

保护等级：一级

地理坐标：东经102.237600°　北纬29.292669°

王向辉 摄

戈镇洲 摄

芦山县龙门镇古城村　楠木

挂牌编号：511182600024
估测树龄：1 200年
树高：28米　胸围：7.2米　平均冠幅：31.5米
保护等级：一级古树，名木
地理坐标：东经103.019805°　北纬30.24998°

芦山县龙门镇古城村楠木历经千年岁月，仍昂然屹立。古树曾遭雷击，中段突生横丫，形似马首龙尾，威武雄奇。智者观其形，取名"龙马古树"。

1935年，红四方面军三十军驻军古城村时，徐向前总指挥常在树下清泉饮马，战马不幸死于此地，葬于树下，故此树又称"红军树""拴马树"。

李年龙 摄

何斌 摄

名山区蒙顶山　山茶

挂牌编号：51180300154

估测树龄：1 104年

树高：9.2米　胸围：1.1米　平均冠幅：7米

保护等级：一级

地理坐标：东经103.046313°　北纬30.083382°

袁明 摄

山茶 *Camellia japonica*

山茶科 Theaceae，山茶属 *Camellia*。别名山椿、耐冬、茶花、洋茶、山茶花。

【形态特征】灌木或小乔木，高9米，嫩枝无毛。叶革质，椭圆形，先端略尖，或急短尖而有钝尖头，基部阔楔形，上面深绿色，干后发亮、无毛，下面浅绿色、无毛；花顶生，多数为红色或淡红色，亦有白色，多为重瓣，苞片及萼片成杯状苞被，半圆形至圆形，花瓣倒卵圆形；蒴果圆球形，果爿厚木质。花期1～4月。

【分布】原产于中国，主要分布在浙江、江西、四川、重庆及山东，日本、朝鲜半岛也有分布。四川、台湾、山东、江西等地有野生种。国内各地广泛栽培，品种繁多。

【主要价值】山茶是中国传统园林花木，栽植广泛，为文人墨客盛赞；山茶花有较高药用价值，有收敛、止血、凉血、调胃、理气、散瘀、消肿等疗效，在食用、蜜源、油料方面具有较高价值。

民间传说，宋代名山一秀才屡考不第，内心苦闷至极，便隐居到蒙顶后山寺院修行。妻子得知丈夫出家，寻遍蒙顶山三十六座寺院，在后山最隐蔽的一处寺院找到取名"禅惠"的丈夫。妻子苦劝丈夫归家，秀才出家之心已定，拒不回归红尘。妻子无奈责问："慈悲对世人，为何独伤我？"伤心欲绝的妻子最终也选择了留在蒙顶山，久而久之化作了茶树，日日陪伴夫君。

名山区蒙顶山皇茶园　千年古茶树

袁明 摄

茶 *Camellia sinensis*

山茶科 Theaceae，山茶属 *Camellia*。

【形态特征】乔木、小乔木和灌木，主要以自然生长情况下植株的高度和分枝习性而定，中国热带地区乔木型茶树高可达30米，基部胸围可达1.5米，树龄数百年至上千年，但经济树龄一般为40～50年。嫩枝无毛。叶革质，长圆形或椭圆形，先端钝或尖锐，基部楔形，上面发亮，下面无毛或初时有柔毛；花朵腋生，白色，花瓣阔卵形；蒴果球形，每球有种子1～2颗。花期10月～次年2月。

【分布】原产于中国，西南部是茶树的起源中心。唐朝高僧鉴真东渡时，将茶叶传播至世界各地，世界上有60个国家引种了茶树。中国茶区辽阔，分布主要集中在南纬16℃至北纬30℃。茶树喜欢温暖湿润气候，生长最适温度为20～25℃；年降水量1 000毫米以上；喜光耐阴，适于在漫射光下生长。

【主要价值】长期以来，经广泛栽培，茶已成为重要的农业经济作物。茶树的叶子可制茶，茶叶是中国传统饮品，含有多种有益成分，具保健作用；种子可以榨油；茶叶中可提取茶多酚，具抗氧化、防辐射、抗衰老等作用，广泛应用于食品、日用品和医药工业；茶树材质细密，其木可用于雕刻。

袁明　摄

千年古茶树与皇茶园

七株千年古茶树，种植于蒙顶山皇茶园内，民间称"仙茶"。

皇茶园，顾名思义是为皇室生产贡茶的地方。

蒙顶山，古称"蒙山"，有"世界茶文化发源地""世界茶文明发祥地""世界茶文化圣山"之称，是世界上有文字记载人工种茶最早的地方。

蒙顶山有上清峰、甘露峰、玉女峰、灵泉峰、菱角峰，五峰环列，状若莲花。皇茶园位于五峰中心的平坦处，坐北朝南，长7.43米，宽5米，共约38平方米，大方庄严。宋孝宗淳熙十三年（1186年）命名为"皇茶园"后，寺院僧人以1.2米高的石柱、石板围起栅栏，正面建有仿木结构石门楼，高1.7米，宽2米。安装双扇石门，平时双门紧闭，唯每岁采茶焚香净手后才能打开。园门两侧石头门柱上刻有"扬子江中水，蒙山顶上茶"楹联，横额书"皇茶园"三字。园后高处有石雕"白虎"守园，传说还兼巡山护茶之责。

园内七株茶树，相传为西汉甘露年间（公元前53年—公元前50年）茶祖吴理真所植。吴理真在蒙顶山采药，口渴难耐时，摘下路旁野生茶树上的叶子放入口中，意外发现野生茶树具有饮茶解闷、闻香爽神的药用价值，便从众多野生茶树中挑选出药用价值最高的七株，将它们种在五峰围绕的"小盆地"中。这里雾气凝聚，适合茶叶生长。从这七株茶树上采摘的茶叶细而长，味甘而清，色黄而碧，酌杯中香云蒙覆其上，凝结不散，被喻为"仙茶"。

据史料记载，皇茶园内七株茶树历经演变，意蕴深厚，让我们一探究竟。

由唐至宋，佛教在蒙顶山盛极一时，寺庙多达一百有余。唐玄宗时期，蒙顶山茶成为朝廷祭祀天地、皇帝饮用的贡茶。当时，蒙顶山上的茶叶生产全由蒙顶山的五大寺庙负责，分工明确：千佛寺种茶、佛禅寺薅茶、永兴寺采茶、智矩寺制茶、天盖寺评茶。每到采茶时节，五大寺庙的高僧要先举行采茶仪式，由专人在皇茶园的七株茶树上采摘360片最嫩的茶叶作为正贡（皇帝祭祀祖先专用），再让数名吃斋一月的童女从皇茶园周围的五峰上采摘14公斤茶叶作为副贡（皇帝专享），最后由采茶人员采摘蒙顶山上其余的茶叶作为陪贡（皇帝奖赏大臣），一同送往智矩寺制茶，最后送往京城。

明洪武二十四年（1391年），明太祖体恤民情，诏"上以重劳民力，罢造龙团，惟采芽茶以进……"。从此，贡茶从团饼走向各种散茶，制茶工艺随之发生重大变革。雅州各地黄芽、甘露、芽细、毛尖等传统名茶恢复生产，成为清代"仙茶"入贡的前奏。

清雍正十一年（1733年）《四川通志》载："仙茶，名山县治之西十五里，有蒙山，其山有五峰，形如莲花五瓣。其中顶最高，名曰上清峰，至顶上略开一坪，直一丈二尺，横二丈余，即种仙茶之处。汉时甘露祖师姓吴名理真者手植，至今不长不灭，共八小株。其七株高仅四五寸，其一株高尺二三寸，每岁摘茶二十余片。至春末夏初始发芽，五月方成叶，摘采后其树即似枯枝，常用栅栏封锁。其山顶土仅深寸许，故茶不甚长，时多云雾，人迹罕到。"

乾隆四年（1739年）《雅州府志》载："名山县：仙茶，产蒙顶上清峰甘露井侧。叶厚而圆，色紫味略苦。春末夏初始发，苔藓庇之，阴云覆焉。相传甘露祖师，自岭表携灵茗植五顶至今，上清峰仅八小株。七株高仅四五寸，一株高仅二三寸。每岁摘叶止二三十片，常年栅栏封锁，其山土仅寸许。故茶自汉到今，不长不减。蔡襄歌：蒙芽错落一番风。白乐天诗：茶中故旧是蒙山。郑谷诗：蒙顶茶畦千点露。文

彦博诗：露芽云液胜醍醐。吴中复诗：吾闻蒙山之巅多秀岭，……恶草不生生菽茗。"这时候还是八株茶树。

同年，乾隆皇帝某天雅兴所致，在宫中边煮茶品饮，边作《烹雪叠旧作韵》诗一首："通红兽炭室酿春，积素龙墀云遗屑。石铛聊复煮蒙山，清兴未与当年别……"诗中"煮蒙山"煮的什么茶呢？2022年2月故宫博物院出版的《故宫贡茶图典》提供了证据：书中记载故宫现存清代11个省50种贡茶（其中8种产地不明）的近200幅照片，有图有典，图文并茂。尤其难得的是，四川有11种贡茶入选，其中雅安的8种都直接或间接与蒙顶山有关。仙茶、陪茶、菱角湾茶、蒙山茶、名山茶、陈蒙茶、春茗茶、枇杷茶赫然在列，无疑，乾隆皇帝煮饮的自然是皇茶园所产仙茶或陪茶。

光绪十八年（1892年）《名山县志》所载知县赵懿"蒙顶茶说"称："名山之茶美于蒙，蒙顶又美之，上清峰茶园七株又美之。世传甘露慧禅师手所植也。二千年不枯不长，其茶叶细而长，味甘而清，色黄而碧，酌杯中香云蒙覆其上，凝结不散，以其异，谓曰仙茶。每岁采贡三百三十五叶，天子郊天及祀太庙用之……"

从此，皇茶园中的茶树演变成为七株，至今尚在。"其一株高尺二三寸"的茶树或许跟随雍正皇帝驾鹤西去不知所终了。

如今，名山区凭借独特的蒙顶山茶文化，不断推动经济发展。蒙顶山茶不仅是"中国十大名茶"之一，也成为弘扬中国茶文化的重要"代言人"。

陈书谦／文

朱含雄 摄

荥经县青龙镇云峰寺　楠木

挂牌编号：511852200186

估测树龄：1 100年

树高：31.5米　胸围：4.1米　平均冠幅：5米

保护等级：一级

地理坐标：东经102.872200°　北纬29.769547°

天全县兴业乡陈家村
楠木

挂牌编号：51182500054
估测树龄：1 100年
树高：22米　胸围：5.7米
平均冠幅：30米
保护等级：一级
地理坐标：东经102.759444°
　　　　　北纬29.928889°

付雅 摄

李家鑫 摄

芦山县龙门镇青龙场村　银杏

挂牌编号：511182600030

估测树龄：1 100年

树高：28米　胸围：7.9米　平均冠幅：18.5米

保护等级：一级

地理坐标：东经102.976492°　北纬30.256514°

何斌 摄

何斌 摄

芦山县大川镇三江村　红豆杉

挂牌编号：51182600109

估测树龄：1 100年

树高：24 米　胸围：3.8 米　平均冠幅：14.5 米

保护等级：一级

地理坐标：东经103.115422°　北纬30.491033°

何斌 摄

芦山县大川镇小河村　银杏

挂牌编号：511182600075

估测树龄：1 100年

树高：30米　胸围：6.69米　平均冠幅：24.5米

保护等级：一级

地理坐标：东经103.118549°　北纬30.501701°

大川三棵树公园

何斌 摄

荥经县青龙镇云峰寺　楠木

挂牌编号：51182200188

估测树龄：1 000年

树高：23.1米　胸围：4.2米　平均冠幅：13米

保护等级：一级

地理坐标：东经102.872195°　北纬29.769516°

朱含雄　摄

李宁　摄

荥经县青龙镇云峰寺　楠木

挂牌编号：51182200116
估测树龄：1 000 年
树高：31.2 米　胸围：2.6 米　平均冠幅：8 米
保护等级：一级
地理坐标：东经 102.870397°　北纬 29.769034°

王维富　摄

荥经县青龙镇云峰寺　**润楠**

挂牌编号：51182200132
估测树龄：1 300年
树高：23.5米　胸围：3米　平均冠幅：5米
保护等级：一级
地理坐标：东经102.873178°　北纬29.768914°

荥经县青龙镇云峰寺　**润楠**

挂牌编号：51182200121
估测树龄：1 000年
树高：23.5米　胸围：3米　平均冠幅：5米
保护等级：一级
地理坐标：东经102.873178°　北纬29.768914°

王维富　摄

荥经县青龙镇云峰寺　楠木

挂牌编号：51182200200

估测树龄：1 000 年

树高：22 米　胸围：3 米　平均冠幅：15 米

保护等级：一级

地理坐标：东经 102.871400°　北纬 29.769366°

王维富 摄

王维富 摄

荥经县青龙镇云峰寺　楠木

挂牌编号：51182200201

估测树龄：1 000年

树高：31.5米　胸围：1.2米　平均冠幅：5米

保护等级：一级

地理坐标：东经102.871147°　北纬29.769344°

王维富　摄

李宁 摄

荥经县青龙镇云峰寺　银杏

挂牌编号：51182200223

估测树龄：1 000年

树高：24米　胸围：4.5米　平均冠幅：17米

保护等级：一级

地理坐标：东经102.872727°　北纬29.767989°

荥经县青龙镇云峰寺　楠木

挂牌编号：51182200230（左）　　　　挂牌编号：51182200231（右）

估测树龄：1 000 年　　　　　　　　　估测树龄：1 000 年

树高：26 米　胸围：4.1 米　平均冠幅：21 米　　树高：27.3 米　胸围：1.3 米　平均冠幅：12 米

保护等级：一级　　　　　　　　　　　保护等级：一级

地理坐标：东经 102.870500°　北纬 29.768752°　　地理坐标：东经 102.870439°　北纬 29.768750°

![云峰寺楠木古树照片]

王维富　摄

挂牌编号：51182200230（朱子义 摄）　　　　　　挂牌编号：51182200231（朱子义 摄）

荥经县青龙镇云峰寺 楠木

挂牌编号：51182200250

估测树龄：1 000 年

树高：24.5 米 胸围：5.2 米 平均冠幅：21 米

保护等级：一级

地理坐标：东经 102.871634° 北纬 29.769713°

朱含雄 摄

王维富　摄

荥经县青龙镇云峰寺　**银杏**

挂牌编号：51182200235（左前）

估测树龄：1 000 年

树高：23 米　胸围：2.5 米　平均冠幅：17 米

保护等级：一级

地理坐标：东经 102.872300°　北纬 29.767927°

王维富 摄

荥经县青龙镇云峰寺　楠木

挂牌编号：51182200267

估测树龄：1 000 年

树高：24.3 米　胸围：1 米　平均冠幅：20.5 米

保护等级：一级

地理坐标：东经 102.870375°　北纬 29.769449°

王维富 摄

荥经县龙苍沟镇万年村　红豆杉

挂牌编号：51182200348

估测树龄：1 000 年

树高：20.2米　胸围：3米　平均冠幅：5米

保护等级：一级

地理坐标：东经 102.829200°　北纬 29.734025°

王昌义 摄

石棉县安顺场镇安顺村　飞蛾槭

挂牌编号：51182400003

估测树龄：1 000年

树高：20.5米　胸围：3.6米　平均冠幅：20米

保护等级：一级

地理坐标：东经102.288643°　北纬29.254505°

飞蛾槭 *Acer oblongum*

槭树科 Aceraceae，槭属 *Acer*。别名飞蛾树。

【形态特征】常绿乔木，常高10米，稀可达20米。树皮灰色或深灰色，粗糙，裂成薄片脱落。小枝细瘦，近于圆柱形；叶革质，长圆卵形；花杂性，绿色或黄绿色，雄花与两性花同株，常成被短毛的伞房花序，顶生于具叶的小枝；翅果嫩时绿色，成熟时淡黄褐色，小坚果凸起成四棱形。花期4月，果期9月。

【分布】产于陕西南部、甘肃南部、湖北西部、四川、贵州、云南和西藏南部。生于海拔1 000～1 800米的阔叶林中。

【主要价值】枝叶茂密、树形优美，叶、果秀丽，在落果时，景观独特，好似蝴蝶飞舞，是优良的园林绿化树种和观赏树种。

雅安建档登记、挂牌保护的飞蛾槭古树仅存1株。

王昌义 摄

荥经县青龙镇云峰寺　枫杨

挂牌编号：51182200277

估测树龄：1 000年

树高：21.2米　胸围：3.4米　平均冠幅：16米

保护等级：一级

地理坐标：东经102.872800°　北纬29.768852°

王维富　摄

百年风华

　　100年的树龄，这是进阶古树的门槛。100年至999年，对古树来说，是强筋健骨、风华正茂的时期。

　　本章以雅安古树树种为脉络，选取代表性百年古树进行展示。

苏铁 *Cycas revolute*

苏铁科 Cycadaceae，苏铁属 *Cycas*。别名铁树、凤尾铁、凤尾蕉、凤尾松。

【形态特征】俗称"铁树"，一说是因其木质密度大，入水即沉，沉重如铁而得名；另一说其生长需要大量铁元素，故名之。苏铁是裸子植物，只有根、茎、叶和种子，没有花，苏铁的花，其实是它的种子。树干高约2米，稀可达8米或更高，圆柱形。羽状叶从茎的顶部生出，下层的向下弯，上层的斜上伸展，整个羽状叶的轮廓呈倒卵状狭披针形，厚革质，坚硬；雌雄异株，雄花长椭圆形，黄褐色；雌花扁圆形，浅黄色；种子红褐色或橘红色，倒卵圆形或卵圆形。花期6～8月，种子成熟期为10月。

【分布】产于福建、台湾、广东，各地常有栽培，常植于庭园，或作盆景。

【主要价值】苏铁是地球上现存最古老的种子植物，是著名的"活化石"植物，其起源可以追溯到大约3亿年前，在侏罗纪时代达到最盛期，曾与恐龙一起称霸整个地球。苏铁为优美的观赏树种，栽培极为普遍。茎内含淀粉，可供食用；种子含油和丰富的淀粉，微有毒，供食用和药用，有缓解痢疾、止咳和止血之效。

雅安建档登记、挂牌保护的苏铁古树仅存1株。

王鑫 摄

李依凡 摄

雨城区烈士陵园　苏铁

挂牌编号：51180210121

估测树龄：100年

树高：4.7米　胸围：1.3米　平均冠幅：3米

保护等级：三级

银杏 *Ginkgo biloba*

银杏科 Ginkgoaceae，银杏属 *Ginkgo*。别名白果、公孙树、鸭脚子、鸭掌树。

【形态特征】乔木，高可达40米，胸径可达4米。幼树树皮浅纵裂，大树之皮呈灰褐色，深纵裂，粗糙；幼年及壮年树冠圆锥形，老则广卵形；枝近轮生，斜上伸展；叶扇形，有长柄，淡绿色，秋季落叶前变为黄色；球花雌雄异株，单性，簇生；种子具长梗，常为椭圆形、长倒卵形、卵圆形或近圆球形。花期3~4月，种子9~10月成熟。

【分布】系中国特产，仅浙江天目山有野生状态的树木。银杏的栽培区甚广，北至东北沈阳，南达广州，东起华东海拔40~1 000米地带，西南至贵州、云南西部（腾冲）海拔2 000米以下地带均有栽培。

【主要价值】银杏为中生代子遗的稀有树种，为速生珍贵的用材树种，树形优美，春夏季叶色嫩绿，秋季变成黄色，颇为美观，可作庭园及行道、园林绿化树。木材优良，供建筑、家具、室内装饰、雕刻等用。种子供食用（多食易中毒）及药用，但种子的肉质外种皮含白果酸、白果醇及白果酚，有毒。叶可作药用和制杀虫剂，亦可作肥料。

高月春 摄

韩斌 摄

天全县新华乡孝廉村　银杏

挂牌编号：51182500044

估测树龄：650年

树高：30米　胸围：6.8米　平均冠幅：17米

保护等级：一级

杨洋 摄

天全县仁义镇岩峰村　银杏

挂牌编号：51182500041

估测树龄：500年

树高：29米　胸围：5.3米　平均冠幅：10米

保护等级：一级

雨城区碧峰峡镇黄龙村　银杏

挂牌编号：51180200055

估测树龄：300年

树高：24米　胸围：4.7米　平均冠幅：18米

保护等级：二级

李依凡 摄

云南油杉 *Keteleeria evelyniana*

松科 Pinaceae，油杉属 *Keteleeria*。

【形态特征】乔木，高可达40米，胸径可达1米。树皮粗糙，暗灰褐色，不规则深纵裂，成块状脱落；枝条较粗，开展，呈灰褐色，黄褐色或褐色，枝皮裂成薄片；叶条形，在侧枝上排列成两列；球果圆柱形，中部的种鳞卵状斜方形或斜方状卵形。花期4~5月，种子10月成熟。

【分布】云南油杉为中国特有树种，产于云南、贵州西部及西南部、四川西南部安宁河流域至西部大渡河流域海拔700~2600米的地带，常混生于云南松林中或组成小片纯林，亦有人工林。

【主要价值】木材可作建筑、家具等用。

王昌义 摄

王昌义 摄

石棉县新棉街道广元堡　**云南油杉**

挂牌编号：51182400009

估测树龄：500年

树高：21.4米　胸围：2.4米

平均冠幅：14米

保护等级：一级

王昌义 摄

石棉县安顺场镇小水村　云南油杉

挂牌编号：51182400004

估测树龄：500年

树高：18.5米　胸围：3.1米

平均冠幅：13米

保护等级：一级

王鑫 摄

马尾松 *Pinus massoniana*

松科 Pinaceae，松属 *Pinus*。别名青松、山松。

【形态特征】乔木，高可达45米，胸径可达1.5米。树皮红褐色，枝平展或斜展，树冠宽塔形或伞形，枝条每年生长一轮（广东两轮）；针叶细柔，微扭曲，两面有气孔线；雄球花淡红褐色，圆柱形弯垂，雌球花单生或聚生，顶生，淡紫红色；球果卵圆形或圆锥状卵圆形，成熟前绿色，熟时栗褐色，种子长卵圆形。花期4~5月，球果次年10~12月成熟。

【分布】马尾松分布极广，北至河南及山东南部，南至广东、广西、湖南、台湾，东至沿海地区，西至四川中部及贵州。

【主要价值】马尾松是中国南部主要材用树种，经济价值高。为长江流域以南重要的荒山造林树种，被誉为荒山造林的"先锋"。松木是工农业生产上的重要用材，主要供建筑、枕木、矿柱、制板、包装箱、家具及木纤维工业（人造丝浆及造纸）原料等用。树干可割取松脂，为医药、化工原料。根部树脂含量丰富；树干及根部可培养茯苓、蕈类，供中药及食用；树皮可提取栲胶。

名山区黑竹镇廖场村　马尾松

▼挂牌编号：51180300031（左）
估测树龄：124年
树高：22米　胸围：2米　平均冠幅：8米
保护等级：三级
挂牌编号：51180300030（右）
估测树龄：124年
树高：22.7米　胸围：1.9米　平均冠幅：7米
保护等级：三级

荥经县荥河镇烈士村　马尾松

▼挂牌编号：51182200325（左）
估测树龄：70年
树高：28.5米　胸围：1.5米　平均冠幅：6米
保护等级：名木
挂牌编号：51182200324（右）
估测树龄：70年
树高：27.1米　胸围：1.2米　平均冠幅：7米
保护等级：名木

烈士村马尾松，是为纪念革命烈士而种植的。烈士村是荥经县红色文化教育基地。

袁明 摄

王维富 摄

油松 *Pinus tabuliformis*

松科 Pinaceae，松属 *Pinus*。别名短叶松、红皮松、东北黑松。

【形态特征】针叶常绿乔木，高可达25米，胸径可达1米。树皮灰褐色或褐灰色，裂成不规则鳞块；大枝平展或斜向上，老树平顶，小枝较粗，褐黄色；针叶深绿色，粗硬，边缘有细锯齿，两面具气孔线；雄球花圆柱形，聚生成穗状；球果卵形或圆卵形，熟时淡黄色或淡褐黄色，常宿存树上近数年之久；种子卵圆形或长卵圆形，淡褐色有斑纹。花期4~5月，球果次年10月成熟。

【分布】油松为中国特有树种，产于吉林（南部）、辽宁、河北、河南、山东、山西、内蒙古、陕西、甘肃、宁夏、青海及四川等省区。生于海拔100~2 600米地带，多组成单纯林。

【主要价值】树干挺拔苍劲，四季常青，不畏风雪严寒，是较好的绿化观赏树种，常作行道、园林树种。木材富含树脂，耐腐蚀，可供建筑、电杆、矿柱、造船、器具、家具及木纤维工业等用材。树干可割取树脂，提取松节油；树皮可提取栲胶。松节、松针（即针叶）、花粉均供药用。

雅安建档登记、挂牌保护的油松古树仅存2株。

张华 摄

宝兴县硗碛藏族乡咎落村　油松

挂牌编号：51182700020

估测树龄：262年

树高：8.9米　胸围：1.6米　平均冠幅：15米

保护等级：三级

张华 摄

宝兴县硗碛藏族乡夹金山村　油松

挂牌编号：51182700021

估测树龄：202年

树高：12.7米　胸围：1.7米　平均冠幅：6米

保护等级：三级

云南松 *Pinus yunnanensis*

松科 Pinaceae，松属 *Pinus*。别名飞松、青松、长毛松。

【形态特征】常绿乔木，高可达 30 米，胸径可达 1 米。树皮褐灰色，深纵裂，裂片厚或裂成不规则的鳞状块片脱落；枝开展，稍下垂；针叶通常 3 针一束，常在枝上宿存三年；雄球花圆柱状，聚集成穗状；球果熟时褐色或栗褐色，圆锥状卵圆形。花期 4~5 月，球果次年 10 月成熟。

【分布】云南松分布于西藏东部、四川西部及西南部、云南、贵州西部及西南部和广西西北部，是西南地区的乡土树种，也是该地区的荒山绿化造林先锋树种。多分布于海拔 1 000~3 200 米的地区，常形成大面积纯林，在四川大渡河流域泸定、磨西、石棉、越西等地海拔 700~1 600 米的河谷地带及青衣江流域天全河谷海拔 1 600 米上下常散生林内。

【主要价值】木材可供建筑、枕木、板材、家具及木纤维工业原料等用，干馏可得多种化工产品。树干可割取树脂，树根可培育茯苓，树皮可提栲胶，松针可提炼松针油。

雅安建档登记、挂牌保护的云南松古树仅存 1 株。

王昌义 摄

石棉县新棉街道安靖村　云南松

挂牌编号：51182400018
估测树龄：550 年
树高：22.5 米　胸围：2.9 米　平均冠幅：15 米
保护等级：一级

杉木 *Cunninghamia lanceolata*

柏科 Cupressaceae，杉木属 *Cunninghamia*。别名沙木、沙树、香杉。

【形态特征】乔木，高可达30米，胸径可达3米。幼树树冠尖塔形，大树树冠圆锥形，树皮灰褐色；大枝平展，小枝对生或轮生；叶披针形或条状披针形，通常微弯、呈镰状，革质、坚硬；雄球花圆锥状簇生枝顶，雌球花单生集生，绿色；球果卵圆形，棕黄色。花期4月，球果10月下旬成熟。

【分布】杉木分布于中国和越南。栽培区北至秦岭南坡，河南桐柏山，安徽大别山，江苏句容、宜兴；南至广东信宜，广西玉林、龙津，云南广南、屏边、昆明、会泽、大理；东至江苏南部、浙江、福建西部山区；西至四川大渡河流域（泸定磨西以东地区）及西南部安宁河流域。

【主要价值】杉木为长江流域、秦岭以南地区栽培广、生长快、经济价值高的速生用材树种，可做行道树及营造防风林；木材黄白色，供建筑、桥梁、造船、矿柱、木桩、电杆、家具及木纤维工业原料等用；树皮含单宁，根、皮、枝、结节、叶、种子、球果、木材中的油脂皆入药。

李依凡 摄

雨城区草坝镇和龙村　杉木

▲挂牌编号：51180200153
估测树龄：350年
树高：30米　胸围：6米　平均冠幅：17米
保护等级：二级

杨洋摄

天全县新华乡银坪村　杉木

▲挂牌编号：51182500046
估测树龄：280年
树高：18米　胸围：1.5米　平均冠幅：14米
保护等级：三级

王鑫 摄

水杉 *Metasequoia glyptostroboides*

杉科 Taxodiaceae，水杉属 *Metasequoia*。别名梳子杉。

【形态特征】落叶乔木，高可达35米，胸径可达2.5米。树干基部常膨大；树皮灰色、灰褐色或暗灰色；枝斜展，小枝下垂，幼树树冠尖塔形，老树树冠广圆形，枝叶稀疏；叶条形，在侧生小枝上列成二列，羽状，冬季与枝一同脱落；球果下垂，近四棱状球形或矩圆状球形，成熟前绿色，熟时深褐色。花期2月下旬，球果11月成熟。

【分布】水杉为中国特产，仅分布于重庆石柱、湖北利川、湖南西北部等地。生于海拔750～1 500米的气候温和、夏秋多雨、酸性黄壤土地区。有少数野生树木。

【主要价值】水杉是世界上珍稀的孑遗植物，有"活化石"之称。生长快，可作长江中下游、黄河下游、南岭以北、四川中部的造林树种及四旁绿化树种。树姿优美，又为著名的庭园绿化树种；对二氧化碳有一定的抵抗能力，是工矿区绿化的优良树种。材质轻软，纹理直，结构稍粗，不耐水湿，可供房屋建筑、板料、电杆、造模型、家具装饰及木纤维工业原料等用。

彭琳 摄

雨城区四川省贸易学校 水杉

▲挂牌编号：51180210130

估测树龄：265年

树高：26.7米　胸围：2.3米

平均冠幅：10米

保护等级：三级

郝立艺 摄

雨城区雅安中学 水杉

▲挂牌编号：51180210060（左）

估测树龄：150年

树高：30.2米　胸围：2.5米　平均冠幅：13米

保护等级：三级

挂牌编号：51180210061（右）

估测树龄：150年

树高：31.3米　胸围：2.6米　平均冠幅：10米

保护等级：三级

侧柏 *Platycladus orientalis*

柏科 Cupressaceae，侧柏属 *Platycladus*。别名黄柏、香柏、扁柏。

【形态特征】乔木，高可达20米，胸径可达1米。树皮薄，浅灰褐色，纵裂成条片；枝条向上伸展或斜展，树冠广卵形，小枝扁平；雌雄同株，花单性，雄球花黄色，球果近卵圆形，成熟后木质，开裂，红褐色。花期3~4月，球果10月成熟。

【分布】侧柏为中国特产，除青海、新疆外，全国均有分布。寿命很长，常有百年和数百年的古树。

李宁 摄

荥经县严道街道城中社区　侧柏

▲挂牌编号：51182200003

估测树龄：800年

树高：17米　胸围：2.7米　平均冠幅：4米

保护等级：一级

【主要价值】侧柏耐旱，常为阳坡造林树种，也是常见的庭园绿化树种；材质富树脂，纹理细密，坚实耐用，是建筑、器具、家具、农具及文具等用材；枝、叶、种子可入药，具强壮滋补、安神健胃、收敛止血、解毒散瘀等作用。

黄琴 摄

挂牌编号：51182200003（朱含雄 摄）

王昌义 摄

石棉县蟹螺藏族乡蟹螺堡子 **侧柏**

▲挂牌编号：51182400082

估测树龄：300年

树高：11.5米 胸围：3.1米 平均冠幅：14米

保护等级：二级

95

罗汉松 *Podocarpus macrophyllus*

罗汉松科 Podocarpaceae，罗汉松属 *Podocarpus*。别名罗汉杉、金钱松、罗汉柏。

【形态特征】常绿针叶乔木，高可达20米，胸径可达0.6米。树皮灰色或灰褐色，浅纵裂，成薄片状脱落；枝开展或斜展，较密。叶螺旋状着生，条状披针形；雄球花穗状腋生，雌球花单生叶腋；种子卵圆形，熟时肉质假种皮紫黑色，有白粉。花期4~5月，种子8~9月成熟。

【分布】产于江苏、浙江、福建、安徽、江西、湖南、四川、云南、贵州、广西、广东等省区，野生的树木极少。

【主要价值】材质细致均匀易加工，可作为家具、器具、文具及农具等用材。栽培于庭园作观赏树。

黄琴 摄

天全县新场镇观音寺　罗汉松

挂牌编号：51182500052

估测树龄：476年

树高：9米　胸围：0.8米　平均冠幅：5米

保护等级：二级

李家鑫 摄

雨城区金凤寺 **罗汉松**

▶挂牌编号：51180200028

估测树龄：250年

树高：11米 胸围：1.2米 平均冠幅：7米

保护等级：三级

天全县乐英中心校 **罗汉松**

▼挂牌编号：51182500031

估测树龄：240年

树高：12米 胸围：2米 平均冠幅：11米

保护等级：三级

李依凡 摄

韩斌 摄

红豆杉 *Taxus wallichiana*

红豆杉科 Taxaceae，红豆杉属 *Taxus*。

【形态特征】常绿乔木或灌木，高可达30米，胸径可达1米。雌雄异株、异花授粉；树皮灰褐色、红褐色或暗褐色；大枝开展，一年生枝绿色或淡黄绿色，秋季变成绿黄色或淡红褐色；叶排列成两列，条形，微弯或较直；球花小，头状花序，淡黄色，早春开放；种子坚果状，球形。

【分布】红豆杉为中国特有树种，产于甘肃南部、陕西南部、四川、云南东北部及东南部、贵州西部及东南部、湖北西部、湖南东北部、广西北部和安徽南部（黄山），常生于海拔1 000～1 200米的高山上部。

【主要价值】红豆杉是优良的观赏灌木，可作庭园置景树，并常用于圣诞花环。材质纹理均匀，结构细致，硬度大，防腐力强，韧性强，可供建筑、车辆、家具、器具、农具及文具等用材。全世界仅该属植物含有紫杉烷，可用于合成抗癌药物紫杉醇。

何斌 摄

袁明 摄

红豆杉（王鑫 摄）

芦山县双石镇双河村　红豆杉

▲挂牌编号：51182600149

估测树龄：980年

树高：21米　胸围：4.8米　平均冠幅：17米

保护等级：一级古树，名木

　　1935年11月至1936年2月，红四方面军曾在此驻扎。当地人称此树为"红军树"。

何斌 摄

张华 摄

芦山县大川镇三江村　**红豆杉**

▲挂牌编号：51182600108

估测树龄：700年

树高：22米　胸围：2.5米　平均冠幅：13米

保护等级：一级

宝兴县蜂桶寨乡民治村　**红豆杉**

▲挂牌编号：51182700013

估测树龄：212年

树高：11.7米　胸围：3.5米　平均冠幅：11米

保护等级：三级

陈平 摄

光叶玉兰 *Yulania dawsoniana*

木兰科 Magnoliaceae，玉兰属 *Yulania*。别名光叶木兰。

【形态特征】落叶乔木，高可达20米，胸径可达1米。小枝黄绿转黄褐色，疏生皮孔；叶纸质，倒卵形或椭圆状倒卵形；花芳香，白色，先叶开放，雄蕊紫红色，雌蕊群狭圆柱形；聚合果圆柱形，鲜时暗红色，转深红褐色。花期4～5月，果期9～10月。

【分布】产于四川大渡河谷（康定、泸定、石棉）及青衣江流域（天全、芦山）。生于海拔1 400～2 500米的林间。

【主要价值】花色美丽，为优美的庭园观赏树种，早已为欧美园艺界引种栽培。列入《世界自然保护联盟濒危物种红色名录》，保护级别为濒危。

雅安建档登记、挂牌保护的光叶玉兰古树仅存1株。

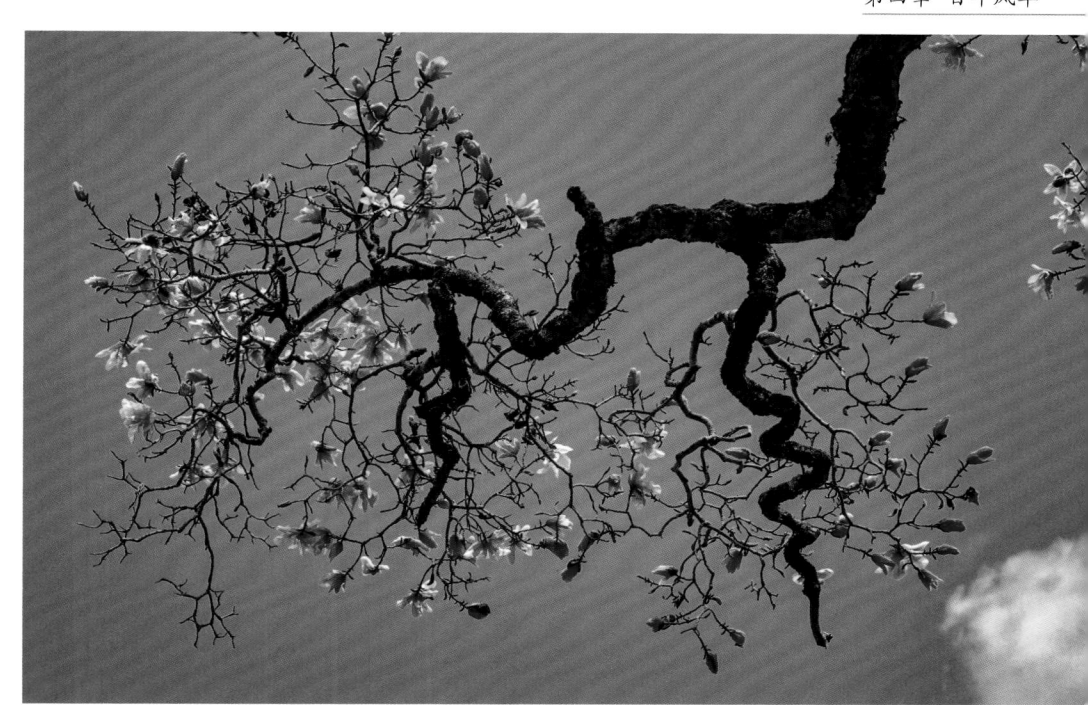

张家宁 摄

张家宁 摄

石棉县新民藏族彝族乡团结村 光叶玉兰

挂牌编号：51182400090

估测树龄：600年

树高：11.3米 胸围：3米 平均冠幅：17米

保护等级：一级

王维富 摄

毛豹皮樟 *LitseaLitsea coreana*

樟科 Lauraceae，木姜子属 *Litsea*。别名白茶。

【形态特征】常绿乔木，高8~15米，胸径0.3~0.4米。树皮灰色，呈小鳞片状剥落，脱落后呈鹿皮斑痕；幼枝红褐色，老枝黑褐色；叶革质，互生，倒卵状椭圆形或倒卵状披针形；伞形花序腋生，无总梗或有极短的总梗；果近球形。花期8~9月，果期次年夏季。

【分布】产于浙江、安徽、河南、江苏、福建、江西、湖南、湖北、四川、广东（北部）、广西、贵州、云南。生于海拔300~2 300米的山谷杂木林中。

【主要价值】木材稍坚硬，可供建筑、器具、乐器等用。民间自古以来，利用毛豹皮樟鲜叶制成老鹰茶作为饮品，具有生津止渴、清热解毒等保健功效。

胡增乾 摄

石棉县王岗坪彝族藏族乡挖角村
毛豹皮樟

挂牌编号：51182400094

估测树龄：600年

树高：11.2米　胸围：2.3米

平均冠幅：10米

保护等级：一级

王维富 摄

王维富 摄

荥经县青龙镇桂花村　毛豹皮樟

▲挂牌编号：51182200107

估测树龄：300年

树高：16.1米　胸围：2.1米　平均冠幅：5米

保护等级：二级

雨城区望鱼镇罗坝村　毛豹皮樟

▶挂牌编号：51180200202

估测树龄：200年

树高：12米　胸围：3.3米　平均冠幅：5米

保护等级：三级

李依凡 摄

楠木 *Phoebe zhennan*

樟科 Lauraceae，楠属 *Phoebe*。别名桢楠、雅楠。

【形态特征】常绿大乔木，最高可达30米，胸径可达1米。树干通直。小枝通常较细，有棱或近于圆柱形，被灰黄色或灰褐色长柔毛或短柔毛。叶革质，椭圆形，少为披针形或倒披针形；聚伞状圆锥花序十分开展，花中等大；果椭圆形。花期4~5月，果期9~10月。

【分布】主要分布于四川、云南、贵州等地，湖北西部有产。野生或栽培；野生的多见于海拔1 500米以下的阔叶林中。常用于建筑及家具的主要是雅楠和紫楠。雅楠为常绿大乔木，产于四川雅安、都江堰一带；紫楠别名金丝楠，产于浙江、安徽、江西及江苏南部。

【主要价值】楠木为中国特有树种，国家二级保护渐危种，是驰名中外的珍贵用材树种，也是组成常绿阔叶林的主要树种。木质坚硬，色泽淡雅匀称，伸缩变形小，易加工，耐腐蚀，带有特殊的香味，能避免虫蛀，是软性木材中最好的一种，为建筑、家具等的珍贵用材。木材和枝叶含芳香油，蒸馏可得楠木油，是高级香料。

王鑫 摄

付雅 摄

天全县兴业乡陈家村　楠木

挂牌编号：51182500056

估测树龄：900年

树高：30米　胸围：5.4米　平均冠幅：23米

保护等级：一级

芦山县龙门镇青龙寺　楠木

◄挂牌编号：51182600026

估测树龄：800年

树高：25米　胸围：4.2米　平均冠幅：15米

保护等级：一级

荥经县荥河镇楠木村　楠木

▼挂牌编号：51182200408

估测树龄：300年

树高：30米　胸围：1.7米　平均冠幅：15米

保护等级：三级

何斌 摄

刘敬忠 摄

黄琴 摄

润楠 *Machilus nanmu*

樟科 Lauraceae，润楠属 *Machilus*。

【形态特征】乔木，高可达40米，胸径可达0.4米。当年生小枝黄褐色，一年生枝灰褐色，均无毛，干时通常蓝紫黑色；叶椭圆形或椭圆状倒披针形，革质；圆锥花序生于嫩枝基部，有灰黄色小柔毛；子房卵形，花柱纤细；果扁球形，黑色。花期4~6月，果期7~8月。

【分布】四川特有树种，国家二级重点保护野生植物。在凉山彝族自治州雷波县中山坪至西宁一带海拔1 500米以下的山谷中较为常见，常与山楠、西南赛楠、锥树等混生。峨眉山、二郎山、乐山、洪雅、都江堰等地区中常见生长，成都平原多为栽培，尤多见于庙宇园林。重庆云阳和北碚缙云山也见有分布。

【主要价值】树干雄伟挺拔，具广阔的伞状树冠，出材率高，木材优良，为特殊建筑用材的优良树种。木材细致，芳香，用于梁、柱、家具等用材。

荥经县青龙镇云峰寺　润楠

挂牌编号：51182200268

估测树龄：550年

树高：30.5米　胸围：2.1米

平均冠幅：11米

保护等级：一级

王维富 摄

广东山胡椒 *Lindera kwangtungensis*

樟科 Lauraceae，山胡椒属 *Lindera*。别名广东钓樟、猪母楠、柳槁。

【形态特征】常绿乔木，高6~30米。树皮淡灰褐色，有粗纵裂纹。小枝条绿色，干时黑褐色，多木栓质皮孔；叶互生，椭圆状披针形，先端渐尖，基部楔形；伞形花序，腋生，先叶发出；果球形。花期3~4月，果期8~9月。

【分布】产于广东、广西、福建、江西、贵州、四川等省区。生长在海拔1 300米以下的山坡林中。

【主要价值】广东山胡椒为优良生态水源林、护土林以及园林绿荫树种。木材纹理通直、结构细致均匀，适于作上等家具及梁、柱、门、窗等一般建筑用材。叶和果实可提芳香油，果核和种仁可榨油，供制肥皂、润滑油和制油墨等。

雅安建档登记、挂牌保护的广东山胡椒古树仅存1株。

李依凡 摄

李依凡 摄

雨城区大兴镇周山村 广东山胡椒

挂牌编号：51180200152

估测树龄：130年

树高：25米　胸围：3.5米　平均冠幅：18米

保护等级：三级

黑壳楠 *Lindera megaphylla*

樟科 Lauraceae，山胡椒属 *Lindera*。

【形态特征】常绿乔木，高可达25米，胸径可达0.35米。树皮灰黑色；枝条圆柱形，粗壮，紫黑色；顶芽大，卵形，芽鳞外面被白色微柔毛；叶互生，倒披针形至倒卵状长圆形，有时长卵形；伞形花序多花，雌花黄绿；果椭圆形至卵形，成熟时紫黑色。花期2~4月，果期9~12月。

【分布】产于陕西、甘肃、四川、云南、贵州、湖北、湖南、安徽、江西、福建、广东、广西等省区。生于海拔1 600~2 000米的山坡、谷地湿润常绿阔叶林或灌丛中。

张家宁 摄

石棉县草科藏族乡农家村　黑壳楠

挂牌编号：51182400101

估测树龄：600年

树高：16.2米　胸围：5米　平均冠幅：15米

保护等级：一级

张家宁 摄

【主要价值】黑壳楠是中国亚热带地区常绿阔叶林的重要特征种，也是一种珍贵用材树种。四季常青，树干通直，树冠圆整，枝叶浓密，是有发展潜力的园林绿化树种；木材结构致密，坚实耐用，是建筑、家具、造船等的优良用材；种仁含油近50%，油为不干性油，为制皂原料；果皮、叶含芳香油，油可作调香原料。

李年龙 摄

王鑫 摄

芦山县大川镇三江村黑壳楠

挂牌编号：51182600145

估测树龄：500年

树高：24米　胸围：4.9米

平均冠幅：18米

保护等级：一级

何斌 摄

张家宁 摄

石棉县草科藏族乡农家村　黑壳楠

挂牌编号：51182400098

估测树龄：400年

树高：21.5米　胸围：3.5米

平均冠幅：23米

保护等级：二级

王晓波 摄

冉闯 摄

冉闯 摄

汉源县皇木镇皇木中学　黑壳楠

挂牌编号：51182300017

估测树龄：220年

树高：21米　胸围：10.1米　平均冠幅：16.5米

保护等级：三级

樟 *Cinnamomum camphora*

樟科 Lauraceae，樟属 *Cinnamomum*。别名香樟、芳樟、油樟、瑶人柴、栳樟。

【形态特征】常绿大乔木，高可达30米，胸径可达3米。树冠广卵形；枝、叶及木材均有樟脑气味；树皮黄褐色，有不规则的纵裂；顶芽广卵形或圆球形，鳞片宽卵形或近圆形，外面略被绢状毛；枝条圆柱形，淡褐色；叶互生，卵状椭圆形；圆锥花序腋生，绿白或带黄色；果托杯状，顶端截平。花期4~5月，果期8~11月。

【分布】产于中国南方及西南各省区。常生于山坡或沟谷中，常有栽培。

【主要价值】樟是中国南方最常见的绿化树种，广泛用作庭荫树、行道树。木材及根、枝、叶可提取樟脑和樟油，樟脑和樟油供医药及香料工业用。果核含脂肪，含油量约40%，供工业用。根、果、枝和叶可入药。木材又为造船、制箱柜和建筑等用材。

李家鑫 摄

天全县思经镇莲花寺 樟

挂牌编号：51182500022

估测树龄：320年

树高：15米　胸围：3.2米　平均冠幅：12米

保护等级：二级

何斌 摄

芦山县芦阳街道汉姜古城　樟

挂牌编号：51182600018（左）
估测树龄：150年
树高：16米　胸围：1.9米　平均冠幅：18米
保护等级：三级

挂牌编号：51182600016（右）
估测树龄：140年
树高：15米　胸围：1.7米　平均冠幅：14.5米
保护等级：三级

杨本江 摄

芦山县芦阳街道汉姜古城　樟

挂牌编号：51182600017

估测树龄：160年

树高：14米　胸围：2.1米　平均冠幅：18米

保护等级：三级

毛萼红果树

Stranvaesia amphidoxa

蔷薇科 Rosaceae，红果树属 *Stranvaesia*。

【形态特征】灌木或小乔木，高可达4米。分枝较密，小枝粗壮，有棱条，当年生枝紫褐色，老枝黑褐色；叶片椭圆形、长圆形或长圆倒卵形，革质互生；顶生伞房花序，总花梗和花梗均密被褐黄色绒毛；果实卵形，红黄色，具浅色斑点。花期5~6月，果期9~10月。

【分布】产于浙江、江西、湖北、湖南、四川、云南、贵州、广西。生于海拔500~1 500米的山坡、路旁、灌木丛中。

【主要价值】叶丛亮绿，果穗红黄，经久不凋，可栽培供观赏。

雅安建档登记、挂牌保护的毛萼红果古树仅存1株。

李依凡 摄

雨城区中里镇复兴村　毛萼红果树

挂牌编号：51180200071

估测树龄：200年

树高：20米　胸围：1米　平均冠幅：8米

保护等级：三级

沙梨 *Pyrus pyrifolia*

蔷薇科 Rosaceae，梨属 *Pyrus*。别名麻安梨。

【形态特征】落叶乔木，高可达15米。小枝嫩时具黄褐色长柔毛或绒毛，不久脱落，二年生枝紫褐色或暗褐色；叶片卵状椭圆形或卵形，先端长尖，基部圆形或近心形，稀宽楔形，边缘有刺芒锯齿；伞形总状花序，花瓣卵形，白色；果实近球形，浅褐色，有浅色斑点。花期4月，果期8月。

【分布】产于安徽、江苏、浙江、江西、湖北、湖南、贵州、四川、云南、广东、广西、福建。适宜生长在海拔100~1 400米的温暖而多雨的地区。

【主要价值】沙梨根、叶、皮、果均具药用价值。根主治疝气，咳嗽；树皮可解"伤寒时气"；枝主治霍乱吐泻；叶主治食用菌中毒，小儿疝气；若食梨过多伤胃气，亦可用叶煎汁解之；果皮主治暑热或热病伤津口渴。

张家宁 摄

黄琴 摄

石棉县新棉街道安靖社区　沙梨

挂牌编号：51182400016

估测树龄：300年

树高：13.5米　胸围：1.8米　平均冠幅：9米

保护等级：二级

王昌义 摄

石棉县蟹螺藏族乡大湾村
沙梨

▶挂牌编号：51182400089

估测树龄：150年

树高：13.5米　胸围：2米

平均冠幅：13米

保护等级：三级

王昌义　摄

芦山县芦阳街道仁加村
沙梨

◀挂牌编号：51182600177
　　　　　　51182600178
　　　　　　51182600179

估测树龄：均为160年

树高：7~10米

胸围：0.9~1.1米

平均冠幅：3~6.5米

保护等级：三级

何斌　摄

枇杷 *Eriobotrya japonica*

蔷薇科 Rosaceae，枇杷属 *Erio-botrya*。别名金丸、芦橘。

【形态特征】常绿乔木，高可达10米。小枝粗壮，黄褐色，密生锈色或灰棕色绒毛；叶片革质，披针形、倒披针形、倒卵形或椭圆形、长圆形；圆锥花序顶生，多花，总花梗和花梗密生锈色绒毛，花瓣白色，长圆形或卵形；果实球形或长圆形，黄色或橘黄色。花期10~12月，果期5~6月。

【分布】产于甘肃、陕西、河南、江苏、安徽、浙江、江西、湖北、湖南、四川、云南、贵州、广西、广东、福建、台湾。各地广为栽培，四川、湖北有野生者。

【主要价值】果肉柔软多汁，风味鲜美。枇杷除鲜食外，还可制成罐头、蜜饯、果膏、果酒与饮料等，具有润肺、止咳、健胃、清热的功效。树叶晒干去毛可供药用，有化痰止咳、和胃降气之效。树姿优美，花、果色泽艳丽，是优良的绿化树种与蜜源植物。木材红棕色，可制作木梳、手杖、农具柄等。

雅安建档登记、挂牌保护的枇杷古树仅存2株。

张家宁 摄

石棉县蟹螺藏族乡田坪村　枇杷

◀挂牌编号：51182400081

估测树龄：350年

树高：17.3米　胸围：3.1米　平均冠幅：14米

保护等级：二级

张家宁 摄

王昌义 摄

石棉县新棉街道老街居委会　枇杷

▲挂牌编号：51182400022

估测树龄：300年

树高：12.6米　胸围：1.7米　平均冠幅：9米

保护等级：二级

王昌义 摄

石楠 *Photinia serratifolia*

蔷薇科 Rosaceae，石楠属 *Photinia*。别名山官木、将军梨、石眼树。

【形态特征】常绿阔叶灌木或小乔木，一般高4~6米，有时可达12米。枝褐灰色，无毛；叶片革质，长椭圆形、长倒卵形或倒卵状椭圆形，嫩叶红色；复伞房花序顶生，花瓣白色，密生，近圆形，花药带紫色；果实球形，褐紫色。花期4~5月，果期10月。

【分布】产于陕西、甘肃、河南、江苏、安徽、浙江、江西、湖南、湖北、福建、台湾、广东、广西、四川、云南、贵州。生于海拔1 000~2 500米的杂木林中。

【主要价值】石楠是常见的栽培树种，作为庭荫树或绿篱，也可修剪成球形或圆

冉闯 摄

锥形，园林中孤植或基础栽植均可。木材紧密，可制车轮及器具柄；叶和根供药用，又可作土农药；种子榨油供制油漆、肥皂或润滑油用；可作枇杷的砧木。

雅安建档登记、挂牌保护的石楠古树仅存1株。

冉闯 摄

汉源县永利彝族乡古路村　石楠

挂牌编号：51182300045

估测树龄：280年

树高：11米　胸围：3.8米　平均冠幅：13.4米

保护等级：三级

王主玉 摄

山槐 *Albizia kalkora*

豆科 Fabaceae，合欢属 *Albizia*。别名山合欢、夜合欢。

【形态特征】落叶乔木或灌木，通常高3～8米。枝条暗褐色，被短柔毛，有显著皮孔；二回羽状复叶，小叶先端圆钝而有细尖头，两面均被短柔毛，中脉稍偏于上侧；头状花序，花初白色，后变黄，具明显的小花梗，花冠均密被柔毛；荚果带状或扁平状，深棕色。花期5～6月，果期8～10月。

【分布】广泛分布于中国华北、西北、华东、华南至西南各省区。生于山坡灌丛、疏林中。

【主要价值】山槐价值高，在国际上享有很高的声誉。材质优良，软硬适中，纹理多花美观，易加工，极耐腐蚀，是上等的家具和建筑装饰用材，山区群众多用此材制作箱柜。萌芽力强，生长迅速，丰产率很高，也作薪炭材；叶型雅致，盛夏绒花红树，色泽艳丽，可植为风景树；叶可做饲料，根、茎、皮可入药。

雅安建档登记、挂牌保护的山槐古树仅存1株。

陈平 摄

王鑫 摄

石棉县安顺场镇小水村 山槐

挂牌编号：51182400006

估测树龄：500年

树高：18.1米 胸围：3.8米 平均冠幅：21米

保护等级：一级

皂荚 *Gleditsia sinensis*

豆科 Fabaceae，皂荚属 *Gleditsia*。别名皂荚树、皂角等。

【形态特征】落叶乔木或小乔木，高可达30米。枝灰色至深褐色；干粗壮，常分枝，多呈圆锥状；叶为一回羽状复叶，边缘具细锯齿，小叶被短柔毛；花杂性，黄白色，组成总状花序，腋生或顶生；荚果带状，劲直或扭曲，果肉稍厚，两面鼓起，弯曲作新月形，通常称"猪牙皂"，内无种子；果片革质，褐棕色或红褐色，常被白色粉霜；种子多颗，棕色，光亮。花期3~5月，果期5~12月。

【分布】产于中国多省区。生于山坡林

王鑫 摄

中或谷地、路旁，海拔自平地至2 500米。常栽培于庭院或宅旁。

【主要价值】木材坚硬，为车辆、家具用材；荚果煎汁可代肥皂用以洗涤丝毛织物；嫩芽油盐调食，种子煮熟糖渍可食。荚、子、刺均可入药。

石棉县安顺场镇安顺村 皂荚

挂牌编号：51182400002
估测树龄：400年
树高：18.5米　胸围：4.8米　平均冠幅：21米
保护等级：二级

王向辉 摄

汉源县永利彝族乡马坪村　皂荚

▼挂牌编号 51182300018
估测树龄：200年
树高：20米　胸围：6.9米　平均冠幅：20米
保护等级：三级

雨城区望鱼镇天河村　皂荚

▼挂牌编号：51180200204
估测树龄：330年
树高：23米　胸围：4.4米　平均冠幅：11米
保护等级：二级

郝立艺 摄

李依凡 摄

白辛树 *Pterostyrax psilophyllus*

安息香科Styracaceae，白辛树属 *Pterostyrax*。

【形态特征】高大乔木，生长高度可达15米，胸径可达0.45米。树皮灰褐色，叶硬纸质，圆锥花序顶生或腋生，花白色，花萼钟状，花瓣长椭圆形或椭圆状匙形。花期4~5月，果期8~10月。

【分布】主要分布在常绿阔叶林带，生长在中国亚热带低山、中山地区的常绿、落叶直混交林中。生于海拔600~2 500米的湿润林中，湖南、湖北、四川、贵州、广西和云南均见分布。

【主要价值】萌芽性强、生长迅速，可作为低湿地造林或护堤树种；树形雄伟挺拔、花香叶美，也是庭园绿化优良树种；材质轻软，纹理致密，加工容易，可作一般器具用材。

雅安建档登记、挂牌保护的白辛古树仅存2株。

袁明 摄

这两株白辛树，被当地村民誉为"夫妻树"。相传，青衣江河神的女儿玉叶公主私自下凡游玩，遇到朴实的茶农吴理真，两人一见钟情，玉叶便留下来和吴理真一起种茶。夫妻二人齐心协力，将许多野生的茶树驯化，并教当地百姓们都学会种茶，夫妻二人成为老百姓心目中的活菩萨。但是好景不长，玉叶偷溜下凡的事情被河神发现。河神派宫廷大汉将玉叶抓了回去，可玉叶一心只想跟吴理真一起种茶，苦苦哀求河神。河神虽被他们的爱情感动，但天规不可违，人神不能在一起。为了惩罚两人，便将两人幻化在茶园旁边，世世代代守护着他们的茶园。这两株茶树的长势也很奇特，左边的茶树像男人一样刚正挺直，右边一株像女孩子一样婀娜多姿，左边茶树的根向右紧紧地环绕住右边的茶树，诉说着他们的恩爱互助之情。"夫妻树"也寄托着大家对美好爱情的向往，成为蒙顶山景区游客打卡拍照的地方。

名山区蒙顶山 白辛树

挂牌编号：51180300156（左）

树高：29米 胸围：1.8米 平均冠幅：12米

挂牌编号：51180300157（右）

树高：27米 胸围：1.5米 平均冠幅：9米

估测树龄：均为206年

保护等级：三级

总状山矾 *Symplocos botryantha*

山矾科 Symplocaceae，山矾属 *Symplocos*。

【形态特征】常绿乔木，嫩枝黄绿色，老枝褐色。叶厚革质，长圆状椭圆形，卵形或倒卵形；总状花序，被展开的柔毛，花冠白色，花盘环状。核果卵状坛形，外果皮薄而脆。花期2~3月，果期6~7月。

【分布】产于四川、云南、贵州、广西、湖南、湖北。生于海拔200~1500米的山林间。

【主要价值】因树形紧凑，总状花序，花冠白色，可观花、观叶、观形，用作庭院树、林丛等。

雅安建档登记、挂牌保护的总状山矾古树仅存1株。

黄琴 摄

雨城区上里镇白马村　总状山矾

挂牌编号：51180200108

估测树龄：130年

树高：20.5米　胸围：2.5米　平均冠幅：6米

保护等级：三级

李依凡 摄

李依凡 摄

刺楸 *Kalopanax septemlobus*

五加科 Araliaceae，刺楸属 *Kalopanax*。别名鸟不宿、铁钉树。

【形态特征】落叶乔木，高约10米，最高可达30米，胸径可达0.7米。树皮暗灰棕色；小枝淡黄棕色或灰棕色，散生粗刺；叶片纸质，在长枝上互生，在短枝上簇生，圆形或近圆形；花白色或淡绿黄色；果实球形，蓝黑色。花期7~10月，果期9~12月。

【分布】刺楸分布广，北至东北，南至广东、广西、云南，西至四川西部，东至海滨的广大区域内均有分布。垂直分布海拔自数十米起至千余米，在云南可达2500米。

【主要价值】木材纹理美观，有光泽，易施工，供建筑、家具、车辆、乐器、雕刻、箱筐等用材。根皮为民间草药，有清热祛痰、收敛镇痛之效。嫩叶可食。树皮及叶含鞣酸，可提制栲胶，种子可榨油，供工业用。

张家宁 摄

张家宁 摄

石棉县草科藏族乡田湾河村 **刺楸**

挂牌编号：51182400097

估测树龄：500年

树高：22.8米　胸围：4.5米　平均冠幅：26米

保护等级：一级

何斌 摄

芦山县双石镇石凤村　刺楸

挂牌编号：51182600154

估测树龄：400年

树高：22米　胸围：3.2米　平均冠幅：12.5米

保护等级：二级

枫香树 *Liquidambar formosana*

金缕梅科 Altingiaceae，枫香树属 *Liquidambar*。

【形态特征】落叶乔木，高可达30米，胸径可达1米。树皮灰褐色，方块状剥落；小枝干后灰色，被柔毛，略有皮孔；芽体卵形，略被微毛；叶薄革质，阔卵形，掌状3裂；雄性短穗状花序，常多个排成总状；头状果序圆球形，木质；蒴果下半部藏于花序轴内，有宿存花柱及针刺状萼齿。种子褐色，多角形或有窄翅。

【分布】产于秦岭及淮河以南各省区，北至山东、河南，东至台湾，西至四川、云南及西藏，南至广东。性喜阳光，多生于平地、村落附近及低山的次生林。在海南岛是组成次生林的优势种。

【主要价值】树脂供药用，能解毒止痛、止血生肌；根、叶及果实亦入药，有祛风除湿、通络活血功效。木材稍坚硬，可制家具及贵重商品的装箱。

黄琴 摄

袁明 摄

名山区百丈镇观音村　枫香树

▲挂牌编号：51180300037

估测树龄：314年

树高：27米　胸围：3.2米　平均冠幅：15米

保护等级：二级

李依凡 摄

李依凡 摄

雨城区上里镇共和村 **枫香树**

▲挂牌编号：51180200126

估测树龄：250年

树高：29米 胸围：3.8米 平均冠幅：9米

保护等级：三级

雨城区上里镇四家村 **枫香树**

▲挂牌编号：51180200138

估测树龄：250年

树高：26米 胸围：7.2米 平均冠幅：24米

保护等级：三级

冉阁 摄

黄杨 *Buxus sinica*

黄杨科 Buxaceae，黄杨属 *Buxus*。别名黄杨木、瓜子黄杨、锦熟黄杨。

【形态特征】灌木或小乔木，高 1~6 米。枝圆柱形，有纵棱，灰白色；小枝四棱形，全面被短柔毛或外方相对两侧面无毛；叶革质，阔椭圆形、阔倒卵形、卵状椭圆形或长圆形，叶面光亮，下半段常有微细毛；花序腋生，头状，花密集；蒴果近球形。花期3月，果期5~6月。

【分布】产于陕西、甘肃、湖北、四川、贵州、广西、广东、江西、浙江、安徽、江苏、山东等省区，有部分属于栽培。多生长在海拔 1 200~2 600 米的山谷、溪边、林下。

【主要价值】常作园林盆景和绿篱、花坛镶边。木材坚硬细密，是雕刻工艺的上等材料，根、叶可入药。

雅安建档登记、挂牌保护的黄杨古树仅存1株。

冉阁 摄

汉源县宜东镇天罡村　黄杨

挂牌编号：51182300019
估测树龄：180年
树高：6米　胸围：2米　平均冠幅：6米
保护等级：三级

黄杨古树所在的陈家大院，建于清代，是茶马古道重镇宜东古镇上的特色建筑。大院主人陈永珍，是同盟会会员。1911年，四川发生保路运动，陈永珍奉命率地方武装守卫茶马古道宜东段的化林坪、飞越岭一带，有力地策应了保路运动。

交让木 *Daphniphyllum macropodum*

虎皮楠科 Daphniphyllaceae，虎皮楠属 *Daphniphyllum*。

【形态特征】灌木或小乔木，高3~10米。小枝粗壮，暗褐色；叶革质，长片圆形至倒披针形，叶面具光泽，叶背淡绿色，叶柄紫红色；雄花、雌花花萼不育，花丝短，子房卵形；果椭圆形，暗褐色，具疣状皱褶。花期3~5月，果期8~10月。

【分布】交让木分布于云南、四川、贵州、广西、广东、台湾、湖南、湖北、江西、浙江、安徽等省区。生于海拔600~1900米的阔叶林中。日本和朝鲜亦有分布。

【主要价值】在园林中可孤植或丛植，更宜于与其他观花果树木配植；木材白至淡黄色，纹理斜，结构细密，不耐腐蚀，易加工，刨面光滑，适于作为家具、板料及室内装修等用材；种子可榨油供工业用，亦可药用，治疖毒红肿。交让木的叶煮液，可防治蚜虫。

雅安建档登记、挂牌保护的交让木古树仅存1株。

芦山县芦阳街道大板村　交让木

挂牌编号：51182600183
估测树龄：120年
树高：11米　胸围：0.9米
平均冠幅：7米
保护等级：三级

何斌 摄

毛白杨 *Populus tomentosa*

杨柳科 Salicaceae，杨属 *Populus*。

【形态特征】落叶大乔木，高可达30米。树皮幼时暗灰色，壮时灰绿色，渐变为灰白色，老时基部黑灰色，干直或微弯；树冠圆锥形至卵圆形或圆形；侧枝开展，长枝叶阔卵形或三角状卵形；蒴果圆锥形或长卵形。花期3月，果期4～5月。

【分布】毛白杨分布广泛，在辽宁（南部）、河北、山东、山西、陕西、甘肃、河南、安徽、江苏、浙江等省区均有分布，以黄河流域中、下游为中心分布区。喜生于海拔1 500米以下的温和平原地区。

【主要价值】生长快，树干通直挺拔，树姿雄壮，冠形优美，是中国华北地区良好的速生用材林、防护林和行道、河渠绿化的好树种，也广泛应用于城乡绿化。木材纤维含量高，油漆及胶结性能好，可供建筑、家具、箱板及火柴杆、造纸等用材，是人造纤维的原料；树皮含鞣质，可提制栲胶；花序入药。

雅安建档登记、挂牌保护的毛白杨古树仅存1株。

张华 摄

宝兴县五龙乡庄子村　毛白杨

挂牌编号：51182700032
估测树龄：272年
树高：27.3米　胸围：3.6米　平均冠幅：17米
保护等级：三级

清溪杨 *Populus cathayana*

杨柳科 Salicaceae，杨属 *Populus*。

【形态特征】落叶乔木，高可达20米。干皮灰白色，光滑；幼枝暗褐色，初时有毛，后光滑，老枝灰色，短枝叶卵状圆形或三角状圆形，萌枝叶大宽卵状圆形；芽卵形或圆锥形，红褐色；蒴果长卵形，先端尖，2瓣裂。

【分布】产于陕西、甘肃、四川、云南、贵州及西藏等省区。生于海拔2 800米左右地带，常形成块状林。

【主要价值】木材白色，轻软，富弹性，供造纸、火柴杆及民房建筑等用；树皮可作药用或提取栲胶；萌枝条可编筐；幼枝及叶为动物饲料。对绿化荒山、保持水土有较好作用。

雅安建档登记、挂牌保护的清溪杨古树仅存2株。

姜锦 摄

姜锦 摄

汉源县宜东镇三交村　清溪杨

挂牌编号：51182400055

估测树龄：250年

树高：17米　胸围：3.9米　平均冠幅：19.5米

保护等级：三级

冉闯 摄　　　　　　　　姜锦 摄

汉源县宜东镇三交村　清溪杨

挂牌编号：51182400054

估测树龄：250年

树高：18米　胸围：4.1米　平均冠幅：13.4米

保护等级：三级

柞木 *Xylosma congesta*

大风子科 Flacourtiaceae，柞木属 *Xylosma*。别名凿子树、蒙子树、葫芦刺、红心刺。

【形态特征】常绿大灌木或小乔木，高可达15米。树皮棕灰色，叶薄革质，雌雄株稍有区别，通常雌株的叶有变化，叶柄短生，花小，总状花序腋生，花梗极短，花萼4~6片卵形，花瓣缺；花药椭圆形，浆果黑色，球形，具种子2~3颗，卵形。花期春季，果期冬季。

【分布】主产于秦岭以南和长江以南各

王鑫 摄

省区。生于海拔800米以下的林边、丘陵和平原或村边附近灌丛中。

【主要价值】材质坚实，纹理细密，供家具、农具等用材；叶、刺供药用；种子含油；树形优美，供庭院美化和观赏等用；又为蜜源植物。

何斌 摄

芦山县芦阳街道黎明村　柞木

▲挂牌编号：51182600003

估测树龄：140年

树高：12米　胸围：1.4米　平均冠幅：5.5米

保护等级：三级

李年龙 摄

芦山县芦阳街道黎明村　柞木

▲挂牌编号：51182600004

估测树龄：270年

树高：11米　胸围：2.9米　平均冠幅：16米

保护等级：三级

雷公鹅耳枥 *Carpinus viminea*

桦木科 Betulaceae，鹅耳枥属 *Carpinus*。

【形态特征】乔木，高10～20米。树皮深灰色；小枝棕褐色，密生白色皮孔，无毛；叶厚纸质，椭圆形、矩圆形、卵状披针形；小坚果宽卵圆形，长0.3～0.4厘米，无毛，有时上部疏生小树脂腺体和细柔毛，具少数细肋。

【分布】产于西藏南部和东南部、云南、贵州、四川、湖北、湖南、广西、江西、福建、浙江、江苏、安徽。生于海拔700～2 600米的山坡杂木林中。

【主要价值】木材坚硬，纹理致密，但易脆裂，可制作农具、家具及一般板材；种子含油，可供工业用。

袁明 摄

名山区蒙顶山红军纪念馆　雷公鹅耳枥

挂牌编号：5118300167

估测树龄：104年

树高：18米　胸围：1.6米　平均冠幅：6米

保护等级：三级

桤木 *Alnus cremastogyne*

桦木科 Betulaceae，桤木属 *Alnus*。别名水冬瓜树、水青冈、桤蒿。

【形态特征】 乔木，高可达40米。树皮灰色，平滑；枝条灰色或灰褐色，无毛；小枝褐色，无毛或幼时被淡褐色短柔毛；叶倒卵形、倒卵状矩圆形、倒披针形或矩圆形；雄花序单生；果苞木质，小坚果卵形。

【分布】 中国特有树种和福建重要的乡土树种。四川各地普遍分布，亦见于贵州北部、陕西南部、甘肃东南部。生于海拔500～3 000米的山坡或岸边的林中，在海拔1 500米地带可成纯林。

【主要价值】 桤木是理想的生态防护林和混交林、河岸护堤和水湿地区重要造林树种，也是理想的荒山绿化树种。材质较松，宜做薪炭及燃料，亦可供桥梁、家具、胶合板、造纸、乐器等用材。茎皮纤维制人造棉和绳索。树皮、果实富含单宁，可作染料和提制栲胶。木炭可制黑色火药。叶产量高，含氮丰富，可作绿肥和绿色饲料。叶片、嫩芽药用，可缓解腹泻及止血，也是良好的蜜源植物。

雅安建档登记、挂牌保护的桤木古树仅存1株。

李家鑫 摄

王鑫 摄

天全县兴业乡复兴村 桤木

挂牌编号：51182500064

估测树龄：150年

树高：28米　胸围：3.2米　平均冠幅：12米

保护等级：三级

大叶柯 *Lithocarpus megalophyllus*

壳斗科 Fagaceae，柯属 *Lithocarpus*。

【形态特征】乔木，高15～25米，胸径0.3～0.6米。小枝淡黄灰色或灰色，枝、叶无毛；叶硬革质，倒卵形，倒卵状椭圆形或椭圆形；雄穗状圆锥花序，雌花序常成对生于枝顶部；壳斗浅碟状或浅碗状。花期5～6月，果次年同期或稍后成熟。

【分布】产于四川西部、贵州北部（赤水）、云南东南部、湖北西部、广西西部。生于海拔900～2200米的山地杂木林中。

【主要价值】木材较坚实，多用于商板用材。果仁（子叶）煮熟后无涩味，可食用或作淀粉原料。

雅安建档登记、挂牌保护的大叶柯古树仅存1株。

雨城区上里镇共和村
大叶柯

挂牌编号：51180200124

估测树龄：200年

树高：25米　胸围：3.8米

平均冠幅：8米

保护等级：三级

李依凡 摄

窄叶柯 *Lithocarpus confinis*

壳斗科 Fagaceae，柯属 *Lithocarpus*。

【形态特征】乔木，高可达10米。小枝干后褐黑色，枝、叶无毛；叶厚纸质，长椭圆形或披针形，基部楔形；雄穗状花序单穗腋生或多穗排成圆锥花序，雌花序轴被或多或甚稀疏的微毛状灰黄色蜡鳞；壳斗近于平展的碟状；坚果扁圆形，果壁薄。花期6~8月，果次年8~11月成熟。

【分布】窄叶柯为中国特有树种，分布于贵州西部、云南中部以东，生于海拔1 500~2 400米较干燥的山坡次生林中。常呈灌木状。

【主要价值】可制作农具、文具及商板用材。

李依凡 摄

龚晓春 摄

雨城区上里镇五家村 窄叶柯

▲挂牌编号：51180200128

估测树龄：250年

树高：32米 胸围：4.4米 平均冠幅：15米

保护等级：三级

雨城区上里镇共和村 窄叶柯

▲挂牌编号：51180200111

估测树龄：150年

树高：23米 胸围：4.4米 平均冠幅：16米

保护等级：三级

王鑫 摄

麻栎 *Quercus acutissima*

壳斗科Fagaceae，栎属 *Quercus*。

【形态特征】落叶乔木，高可达30米，胸径可达1米。树皮深灰褐色，被柔毛；叶片形态多样，通常为长椭圆状披针形，叶缘有刺芒状锯齿，叶片两面同色，幼时被柔毛，后渐脱落；雄花序常数个集生于当年生枝下部叶腋，花柱壳斗杯形；小苞片钻形或扁条形，向外反曲，被灰白色绒毛；坚果卵形或椭圆形，顶端圆形，果脐突起。花期3~4月，果期次年9~10月。

【分布】产于辽宁、河北、山西、山东、江苏、安徽、浙江、江西、福建、河南、湖北、湖南、广东、海南、广西、四川、贵州、云南等省区。生于海拔60~2 200米的山地阳坡，成小片纯林或混交林。

【主要价值】木材材质坚硬，耐腐蚀，供枕木、坑木、桥梁、地板等用材；叶含蛋白质，可饲柞蚕；种子含淀粉，可作饲料和工业用淀粉；壳斗、树皮可提取栲胶。

雅安建档登记、挂牌保护的麻栎古树仅存1株。

芦山县双石镇石凤村　麻栎

挂牌编号：51182600170

估测树龄：320年

树高：17.3米　胸围：3.9米　平均冠幅：9米

保护等级：二级

何斌 摄

栗 *Castanea mollissima*

壳斗科 Fagaceae，栗属 *Castanea*。

【形态特征】乔木，高可达20米，胸径可达0.8米。小枝灰褐色，托叶长圆形，被疏长毛及鳞腺；叶椭圆形至长圆形；雄花序轴被毛，雌花花柱下部被毛；成熟壳斗有锐刺。花期4～6月，果期8～10月。

【分布】除青海、宁夏、新疆、海南等少数省区外广布南北各地，在广东止于广州近郊，在广西止于平果县，在云南东南部则越过河口向南至越南沙坝地区。见于平地至海拔2 800米山地，仅见栽培。

【主要价值】栗的栽培史在中国至少有2 500年的历史，在古书中最早见于《诗经》。栗果（板栗）富含淀粉、单糖、双糖、胡萝卜素、硫胺素、核黄素、尼克酸、抗坏血酸、蛋白质、脂肪、无机盐类等营养物质。木材纹理直、结构粗、坚硬、耐水湿，属优质用材。壳斗及树皮富含没食子类鞣质；叶可作蚕饲料；根、皮、总苞、花或花序、外果皮、内果皮、种仁可入药。栗吸附能力强，可有效吸收有害气体，具较好环保作用。

王维富 摄

荥经县青龙镇云峰寺　栗

▲挂牌编号：51182200290

估测树龄：800年

树高：13.1米　胸围：3.9米　平均冠幅：10米

保护等级：一级

王鑫 摄

芦山县双石镇石凤村　栗

▶挂牌编号：51182600161

估测树龄：300年

树高：25米　胸围：3米　平均冠幅：12.5米

保护等级：二级

何斌 摄

青冈 *Cyclobalanopsis glauca*

壳斗科 Fagaceae，青冈属 *Cyclobalanopsis*。

【形态特征】常绿乔木，高可达20米，胸径可达1米。小枝无毛；叶片革质，倒卵状椭圆形或长椭圆形；雄花序轴被苍色绒毛，壳斗碗形，包着坚果；坚果卵形、长卵形或椭圆形，无毛或被薄毛，果脐平坦或微凸起。花期4~5月，果期10月。

【分布】青冈是本属在中国分布最广的树种之一，陕西、甘肃、江苏、安徽、浙江、江西、福建、台湾、河南、湖北、湖南、广东、广西、四川、贵州、云南、西藏等省区均有。生于海拔60~2 600米的山坡或沟谷，组成常绿阔叶林或常绿阔叶与落叶、阔叶混交林。

【主要价值】用途广泛，是重要的园林绿化、防火、防风林树种。青冈根系发达、侧枝多、生物量大，在南方地区广泛用作薪炭材、水保树种，还能改善土壤肥力，有重要的生态效益。木材坚硬，韧度高，干缩较大，耐腐蚀，可做家具、地板等，也可供桩柱、车船、工具柄等用材。种子含淀粉，可作饲料、酿酒。树皮、壳斗含鞣质，可制栲胶。

李琦 摄

胡增乾 摄

石棉县安顺场镇小水村　青冈

▲挂牌编号：51182400005
估测树龄：500年
树高：17.8米　胸围：2.3米　平均冠幅：15米
保护等级：一级

石棉县王岗坪彝族藏族乡幸福村　青冈

▲挂牌编号：51182400096
估测树龄：600年
树高：19.9米　胸围：3.7米　平均冠幅：30米
保护等级：一级

小叶青冈

Cyclobalanopsis myrsinifolia

壳斗科 Fagaceae，青冈属 *Cyclobalanopsis*。

【形态特征】常绿乔木，高可达 20 米，胸径可达 1 米。小枝无毛，被凸起淡褐色长圆形皮孔；叶卵状披针形或椭圆状披针形，顶端长渐尖或短尾状，基部楔形或近圆形；壳斗杯形，包着坚果，坚果卵形或椭圆形。花期 6 月，果期 10 月。

【分布】产区很广，北至陕西、河南（南部），东至福建、台湾，南至广东、广西，西南至四川、贵州、云南等省区。生于海拔 200 ~ 2 500 米的山谷、阴坡杂木林中。

【主要价值】小叶青冈是一种生长速度较快的用材树种，木材可供建筑和制作农具、家具、车辆等用。木材坚硬，不易开裂，富弹性，能受压，为枕木、车轴良好材料。种子含淀粉，加工后可食用或酿酒、做饲料等。壳斗、树皮含鞣质，可提制栲胶。枝、梢、锯屑均可培育食用菌。

张淑荣 摄

张淑荣 摄

石棉县美罗镇三明村 小叶青冈

挂牌编号：51182400057

估测树龄：350 年

树高：23.5 米　胸围：2 米　平均冠幅：23 米

保护等级：二级

王昌义 摄

石棉县回隆镇回隆村　小叶青冈

▲挂牌编号：51182400033

估测树龄：300年

树高：11.2米　胸围：1.9米　平均冠幅：13米

保护等级：二级

芦山县大川镇快乐村　小叶青冈

◀挂牌编号：51182600092

估测树龄：150年

树高：18米　胸围：3.3米　平均冠幅：13米

保护等级：三级

何斌 摄

扁刺锥 *Castanopsis platyacantha*

壳斗科 Fagaceae，锥属 *Castanopsis*。

（参见第219页）

王维富 摄

荣经县青龙镇云峰寺　扁刺锥

挂牌编号：51182200184

估测树龄：500年

树高：20.5米　胸围：3.1米　平均冠幅：7米

保护等级：一级

郑焕平 摄

陈怀浦 摄

名山区蒙顶山红军纪念馆　**扁刺锥**

▲挂牌编号：51180300159
估测树龄：204年
树高：20米　胸围：2.7米　平均冠幅：10米
保护等级：三级

天全县思经镇思经村　**扁刺锥**

▲挂牌编号：51182500017
估测树龄：165年
树高：13米　胸围：2.4米　平均冠幅：13米
保护等级：三级

栲 *Castanopsis fargesii*

壳斗科 Fagaceae，锥属 *Castanopsis*。

【形态特征】乔木，高10～30米，胸径0.2～0.8米。树皮浅纵裂，枝、叶均无毛；叶长椭圆形或披针形、稀卵形，顶部短尖或渐尖；雄花穗状或圆锥花序，花单朵密生于花序轴上，雌花单朵散生；壳斗通常圆球形或宽卵形；坚果圆锥形，无毛。花期4～6月，也有8～10月开花，果次年同期成熟。

【分布】产于长江以南各地，西南至云南东南部，西至四川西部。生于海拔200～2 100米的坡地或山脊杂木林中，有时成小片纯林。

【主要价值】栲是非常优良的多用途树种。种实可生食，也可酿酒或制作副食产品，是中国重要的木本粮食树种；树皮和壳斗含鞣质，可提取栲胶；枝丫朽木可用来培养香菇和木耳等菌类食品；木材易干燥，燃烧火力旺盛，是重要的薪炭林树种；木材纹理直、结构略粗糙，坚实耐用，比重较轻，是良好的建筑、家具用材。

雅安建档登记、挂牌保护的栲古树仅存1株。

李依凡 摄

雨城区上里镇白马村 栲

挂牌编号：51180200109

估测树龄：150年

树高：23米 胸围：3.8米 平均冠幅：15米

保护等级：三级

枫杨 *Pterocarya stenoptera*

胡桃科 Juglandaceae，枫杨属 *Pterocarya*。别名麻柳。

【形态特征】大乔木，高可达 30 米，胸径可达 1 米。幼树树皮平滑，浅灰色，老时则深纵裂；小枝灰色至暗褐色，具灰黄色皮孔；芽具柄，密被锈褐色盾状着生的腺体；叶多为偶数或稀奇数羽状复叶；雄性荑荑花序，单独生于上年生枝条上叶痕腋内，雌性荑荑花序顶生；果实长椭圆形。花期 4~5 月，果期 8~9 月。

【分布】在中国华北、华中、华东、华南和西南等地均有分布。生于海拔 1 500 米以下的沿溪涧河滩、阴湿山坡地的林中。

【主要价值】广泛栽植作园庭树或行道树。树皮和枝皮含鞣质，可提取栲胶，亦可作纤维原料；果实可作饲料和酿酒，种子还可榨油。材质轻软，易加工，干燥状况欠佳，可用作建筑、桥梁、家具、农具以及人造棉原料。树皮煎水可入药，茎皮及树叶煎水或捣碎制成粉剂，可作杀虫剂。

何斌 摄

芦山县双石镇石宝村　枫杨

挂牌编号：51182600156

估测树龄：600 年

树高：25 米　胸围：5.8 米　平均冠幅：14 米

保护等级：一级

彭琳 摄

李依凡 摄

雨城区西城街道　枫杨

挂牌编号：51180210047

估测树龄：260年

树高：19.2米　胸围：4.5米　平均冠幅：15米

保护等级：三级

　　此树位于雅安中心城区西城清代南城门遗址处，该地古为雅州府茶马古道起点地。

高月春 摄

天全县思经镇莲花寺　枫杨

▲挂牌编号：51182500023
估测树龄：200年
树高：23米　胸围：4.5米　平均冠幅：21米
保护等级：三级

荥经县严道街道若水公园　枫杨

▲挂牌编号：51182200346
估测树龄：150年
树高：12.2米　胸围：3.1米　平均冠幅：14米
保护等级：三级

王维富 摄

郝立艺 摄

雨城区东城街道新康路社区　枫杨

▲挂牌编号：51180210021

估测树龄：140年

树高：11.3米　胸围：2.5米　平均冠幅：12米

保护等级：三级

朴树 *Celtis sinensis*

榆科 Ulmaceae，朴属 *Celtis*。

【形态特征】落叶乔木，高可达20米。树皮平滑，灰色。一年生枝被密毛。叶互生，革质，宽卵形至狭卵形；花杂性（两性花和单性花同株），1~3朵生于当年枝的叶腋。核果单生或2个并生，近球形，熟时红褐色，果核有穴和突肋。花期4~5月，果期9~11月。

【分布】朴树分布于淮河流域、秦岭以南至华南各省区、长江中下游和以南诸省区以及台湾地区。多生长在海拔100~1 500米的路旁、山坡、林缘处。

【主要价值】朴树是很好的绿化树种，

王昌义 摄

对二氧化硫、氯气等有毒气体具有极强的吸附性，对粉尘有极强的吸滞能力，在城市、工矿区、农村等得到广泛应用。茎皮为造纸和人造棉原料，果实榨油作润滑油；木材坚硬，可供工业用材；根、皮、叶入药有消肿止痛、解毒治热的功效，外敷治水火烫伤；叶可制土农药，杀红蜘蛛。

王昌义 摄

王昌义 摄

石棉县回隆镇福龙村　朴树

▲挂牌编号：511802400037
估测树龄：600年
树高：26.5米　胸围：3.6米　平均冠幅：17米
保护等级：一级

石棉县蟹螺藏族乡蟹螺堡子　朴树

▲挂牌编号：511802400085
估测树龄：350年
树高：22.3米　胸围：4米　平均冠幅：20米
保护等级：二级

何斌 摄

彭琳 摄

芦山县芦阳街道汉姜古城　**朴树**

挂牌编号：511802600011（上图）

估测树龄：210年

树高：18米　胸围：3.3米　平均冠幅：20米

保护等级：三级

雨城区西城街道兴贤小学　**朴树**

挂牌编号：51180210046（下图）

估测树龄：170年

树高：23.5米　胸围：2.4米　平均冠幅：20米

保护等级：三级

黄葛树 *Ficus virens*

　　桑科 Moraceae，榕属 *Ficus*。别名大叶榕。

　　【形态特征】落叶或半落叶乔木，有板根或支柱根，幼时附生。叶薄革质或皮纸质，近披针形，先端渐尖，基部钝圆或楔形至浅心形，全缘，干后表面无光泽；榕果单生或成对腋生或簇生于已落叶枝叶腋，球形，成熟时紫红色；雄花、瘿花、雌花生于同一榕果内，花药广卵形，花丝短。花期4～7月。

【分布】产于陕西南部、湖北（宜昌西南）、贵州、广西（百色、隆林）、四川、云南（除西北外几近全省）等地。常生于海拔400～2 700米地带，为中国西南部常见树种，在四川（沿长江城镇）多见于江边的道旁。

【主要价值】生性强健，树姿丰满，树冠开展，而且能抵强风，移栽容易，适应力强，常用作行道树、园景树和庭荫树，为良好的荫蔽树种；木材纹理细致，美观，可供雕刻；根、叶可入药。

雨城区大兴街道　黄葛树

挂牌编号：51180210067（左）
估测树龄：590年
树高：18米　胸围：9.1米
平均冠幅：12米
保护等级：一级

挂牌编号：51180210068（右）
估测树龄：505年
树高：20米　胸围：6.2米
平均冠幅：14米
保护等级：一级

郝立艺 摄

孙明经 摄

当地百姓称这两株古树为"夫妻同心树"。1939年，孙明经随川康科学考察团在雅安考察期间，召集大兴镇70岁以上的老人在51180210068号古树下留影。

王鑫 摄

雨城区雅安廊桥　黄葛树

挂牌编号：51180210018

估测树龄：295年

树高：14米　胸围：3.8米

平均冠幅：19米

保护等级：三级

魏发贵 摄

赵毅 摄

雨城区青江街道熊猫大道　黄葛树

▼挂牌编号：51180210152（左）
估测树龄：200年
树高：19.3米　胸围：4.7米　平均冠幅：25米
保护等级：三级

▼挂牌编号：51180210151（右）
估测树龄：100年
树高：18.7米　胸围：3.3米　平均冠幅：17米
保护等级：三级

彭琳 摄

雨城区东城街道新民街　黄葛树

▼挂牌编号：51180210032　估测树龄：140年
树高：6.5米　胸围：3.8米　平均冠幅：19米
保护等级：三级

李依凡　摄

雨城区西城街道　黄葛树

▼挂牌编号：51180210017　估测树龄：130年
树高：8米　胸围：3.8米　平均冠幅：20米
保护等级：三级

彭琳　摄

郝立艺 摄

雨城区东城街道　黄葛树

▲挂牌编号：51180210019

估测树龄：120年

树高：7.9米　胸围：3.3米　平均冠幅：9米

保护等级：三级

20世纪70年代雅安青衣江边51180210019号黄葛树

雨城区青江街道三雅园音乐广场　黄葛树

挂牌编号：51180210144

估测树龄：130年

树高：10.3米　胸围：3.1米　平均冠幅：23米

保护等级：三级

郝立艺 摄

李依凡 摄

赵毅 摄

雨城区青江街道
第一江岸江边
黄葛树

挂牌编号：51180210153
估测树龄：110年
树高：11.5米　胸围：3米
平均冠幅：7米
保护等级：三级

尖叶榕 *Ficus henryi*

桑科 Moraceae，榕属 *Ficus*。

【形态特征】小乔木，高 3 ~ 10 米，有乳汁。幼枝黄褐色，无毛，具薄翅；单叶互生，叶倒卵状长圆形至长圆状披针形；榕果单生叶腋，球形至椭圆形；花白色，倒披针形，被微毛；榕果（聚花果）簇生于树干或老茎短枝上，球形，成熟时橙红色。花期5 ~ 6月，果期7 ~ 9月。

【分布】产于云南中部至东南部、四川西南部、贵州西南和东北部、广西、湖南、湖北西部（巴东兴山以西）。常生于海拔 600 ~ 1 600 米的山地疏林中或溪沟潮湿地。

【主要价值】榕果成熟可食、酿酒或制果酱。

雅安建档登记、挂牌保护的尖叶榕古树仅存1株。

韩斌 摄

韩斌 摄

天全县思经镇大河村　尖叶榕

挂牌编号：51182500015
估测树龄：125年
树高：15米　胸围：2.4米
平均冠幅：9米
保护等级：三级

彭昊 摄

雅榕 *Ficus concinna*

桑科 Moraceae，榕属 *Ficus*。别名小叶榕、万年青。

【形态特征】乔木，高15～20米，胸径0.25～0.4米。树皮深灰色，有皮孔；小枝粗壮，无毛；叶狭椭圆形；榕果成对腋生或簇生，球形；雄花、瘿花、雌花同生于一榕果内壁。花果期3～6月。

【分布】产于广东、广西、贵州、云南（北至双柏、玉溪、弥渡，海拔800～2 000米）。通常生于海拔900～1 600米的密林中或村寨附近。

【主要价值】雅榕为紫胶虫寄主，树冠大，作庭荫树。

何斌 摄

芦山县飞仙关镇飞仙村　雅榕

挂牌编号：51182600032

估测树龄：260年

树高：19米　胸围：4.7米　平均冠幅：25米

保护等级：三级

石棉县新棉街道西区社区　雅榕

挂牌编号：51182400031

估测树龄：300年

树高：11.5米　胸围：5.7米　平均冠幅：16米

保护等级：二级

王昌义 摄

王昌义 摄

桑 *Morus alba*

桑科 Moraceae，桑属 *Morus*。

【形态特征】乔木或为灌木，高 3～10 米或更高。树皮厚，灰色，具不规则浅纵裂。小枝有细毛；叶卵形或广卵形，表面鲜绿色；花单性，腋生或生于芽鳞腋内，与叶同时生出，淡绿色；聚花果卵状椭圆形，成熟时红色或暗紫色。花期 4～5 月，果期 5～8 月。

【分布】本种原产于中国中部和北部，现由东北至西南各省区、西北直至新疆均有栽培。

【主要价值】树皮纤维柔细，可作纺织、造纸原料。根皮、果实及枝条入药。叶为养蚕的主要饲料，亦作药用，并可作土农药。木材坚硬，可制家具、乐器、雕刻等。桑葚可酿酒。

雅安建档登记、挂牌保护的桑古树仅存 1 株。

郝立艺 摄

汉源县永利彝族乡马坪村 桑

挂牌编号：51182300046

估测树龄：120 年

树高：18.8 米 胸围：2.9 米 平均冠幅：18 米

保护等级：三级

郝立艺 摄

蒙桑 *Morus mongolica*

桑科 Moraceae，桑属 *Morus*。

【形态特征】小乔木或灌木，树皮灰褐色，纵裂。小枝暗红色，老枝灰黑色；叶长椭圆状卵形，边缘具三角形单锯齿，两面无毛；雄花花被暗黄色，雌花序短圆柱状；聚花果，成熟时红色至紫黑色。花期3~4月，果期4~5月。

【分布】产于黑龙江、吉林、辽宁、内蒙古、新疆、青海、河北、山西、河南、山东、陕西、安徽、江苏、湖北、四川、贵州、云南等省区。生于海拔800~1500米的山地或林中。

【主要价值】韧皮纤维系高级造纸原料，脱胶后可作纺织原料；根皮入药；木材可供制家具、器具等一般用材。果实可食，或加工桑葚酒、桑葚干、桑葚蜜等。植株可用作园景树，种子含脂肪油，可榨油制香皂用。

雅安建档登记、挂牌保护的蒙桑古树仅存1株。

张华 摄

宝兴县蜂桶寨乡光明村 蒙桑

挂牌编号：51182700012
估测树龄：202年
树高：25.6米 胸围：3.4米 平均冠幅：17米
保护等级：三级

木棉 *Bombax ceiba*

锦葵科 Malvaceae，木棉属 *Bombax*。别名红棉、英雄树、攀枝花。

【形态特征】落叶大乔木，高可达25米。树皮灰白色，幼树的树干通常有圆锥状的粗刺，分枝平展；掌状复叶，长圆形至长圆状披针形；花单生枝顶叶腋，通常红色，有时橙红色，萼杯状；蒴果长圆形，钝。花期3~4月，果夏季成熟。

【分布】产于云南、四川、贵州、广西、江西、广东、福建、台湾等亚热带省区。生于海拔1 700米以下的干热河谷及稀树草原，也可生长在沟谷季雨林内。

【主要价值】花大而美，树姿巍峨，可植为园庭观赏树、行道树。果内棉毛可作枕、褥、救生圈等填充材料。种子油可作润滑油、制肥皂。木材轻软，可作蒸笼、箱板、火柴梗、造纸等用。花可供蔬食，花、根、皮可入药。

王鑫 摄

黄琴 摄

王晓波 摄

汉源县富泉镇流沙河大桥　木棉

挂牌编号：51182300021

估测树龄：120年

树高：7米　胸围：3.2米　平均冠幅：7.9米

保护等级：三级

郝立艺 摄

汉源县乌斯河镇乌斯河社区
木棉

挂牌编号：51182300048

估测树龄：120年

树高：25米　胸围：3.1米

平均冠幅：16.8米

保护等级：三级

王晓波 摄

日本杜英 *Elaeocarpus japonicus*

杜英科 Elaeocarpaceae，杜英属 *Elaeo-carpus*。别名假杨梅、青果、野橄榄、橄榄、缘瓣杜英。

【形态特征】乔木。嫩枝秃净无毛；叶芽有发亮绢毛，革质，通常卵形，亦有椭圆形或倒卵形；总状花序，生于当年枝的叶腋内，花两性或单性，花瓣长圆形；核果椭圆形，具种子1颗。花期4~5月。

【分布】产于长江以南各省区，东至台湾，西至四川及云南最西部，南至海南。生于海拔400~1300米的常绿林中。

【主要价值】日本杜英是庭院观赏和四旁绿化的优良品种。木材可制家具，又是放养香菇的理想木材。

雅安建档登记、挂牌保护的日本杜英古树仅存1株。

名山区蒙顶山 **日本杜英**

挂牌编号：51180300153
估测树龄：114年
树高：12米 胸围：1.9米 平均冠幅：12米
保护等级：三级

袁明 摄

171

张华 摄

白茶树 *Koilodepas hainanense*

大戟科 Euphorbiaceae，白茶树属 *Koilodepas*。

【形态特征】乔木或灌木，高3～15米。嫩枝密生灰黄色星状短柔毛，小枝无毛；叶纸质或薄革质，长椭圆形或长圆状披针形，顶端渐尖，基部阔楔形、圆钝或微心形，边缘具细钝齿或圆齿，两面无毛，干后暗褐色；托叶披针形，花序穗状，被绒毛。花期3～4月，果期4～5月。

【分布】产于海南。生于海拔80～400米的山地或山谷常绿林或疏林中。

【主要价值】可作观赏景观树。

宝兴县蜂桶寨乡光明村
白茶树

挂牌编号：51182700016
估测树龄：282年
树高：12.8米　胸围：3.4米
平均冠幅：7米
保护等级：三级

王鑫 摄

乌桕 *Triadica sebifera*

大戟科 Euphorbiaceae，乌桕属 *Sapium*。

【形态特征】乔木，高可达15米，是一种色叶树种，春秋季叶色红艳夺目，不下丹枫；各部均无毛而具乳状汁液；树皮暗灰色，有纵裂纹；枝广展，具皮孔；叶互生，纸质，叶片菱形、菱状卵形或稀有菱状倒卵形；花单性，雌雄同株，总状花序；种子扁球形，黑色，外被白色、蜡质的假种皮。花期4～8月。

【分布】主要分布于黄河以南各省区，北达陕西、甘肃。

【主要价值】乌桕为中国特有的经济树种，已有1400多年的栽培历史，具有极高经济和园艺价值。枝干是优良木材，用途较广。种子外被的蜡质称为"柏蜡"，可提制"皮油"，供制高级香皂、蜡纸、蜡烛等；种仁榨取的油称"柏油"或"青油"，供油漆、油墨、涂料（可涂油纸、油伞）等。叶为黑色染料，可染衣物。根皮、树皮、叶均可入药，根皮治毒蛇咬伤。

李依凡 摄

李依凡 摄

雨城区张家山公园　乌桕

挂牌编号：51180210091

估测树龄：100年

树高：12.2米　胸围：1.4米　平均冠幅：6米

保护等级：三级

木荷 *Schima superba*

山茶科 Theaceae，木荷属 *Schima*。别名荷木、木艾树。

【形态特征】大乔木，高可达25米。嫩枝通常无毛；叶革质或薄革质，椭圆形；花生于枝顶叶腋，常多朵排成总状花序，白色，蒴果。花期6~8月。

【分布】产于浙江、福建、台湾、江西、湖南、广东、海南、广西、贵州等省区，是华南及东南沿海各省区常见的种类。

【主要价值】木荷为中国珍贵的用材树种。是优良的绿化、用材树种，也是较好的耐火、抗火、难燃、防火林种。树干通直，材质坚韧，结构细致，耐久用，易加工，是纺织工业中制作纱锭、纱管的上等材料；也是桥梁、船舶、车辆、建筑、农具、家具、胶合板等优良用材。树皮、树叶含鞣质，可以提取单宁。木荷有大毒，不可内服。外用捣敷患处，用于攻毒、消肿。

雅安建档登记、挂牌保护的木荷古树仅存2株。

何斌 摄

芦山县双石镇双河村　木荷

▲挂牌编号：51182600172

估测树龄：350年

树高：19米　胸围：2.5米　平均冠幅：10.5米

保护等级：二级

袁明 摄

名山区蒙顶山红军纪念馆　木荷

▲挂牌编号：5118020001

估测树龄：96年

树高：19.6米　胸围：1.6米　平均冠幅：9米

保护等级：名木

紫薇 *Lagerstroemia indica*

千屈菜科 Lythraceae，紫薇属 *Lagerstroemia*。别名痒痒树、紫金花、西洋水杨梅、无皮树。

【形态特征】落叶灌木或小乔木，高可达7米。树皮平滑，灰色或灰褐色；树干多扭曲，小枝纤细；叶互生或对生，纸质，椭圆形、阔矩圆形或倒卵形；花淡红色或紫色、白色，顶生圆锥花序；蒴果椭圆状球形或阔椭圆形。花期6~9月，果期9~12月。

【分布】广植于热带地区。广东、广西、湖南、福建、江西、浙江、江苏、湖北、河南、河北、山东、安徽、陕西、四川、云南、贵州及吉林均有生长或栽培。

【主要价值】树姿优美，树干光滑洁净，花色艳丽，花期长，寿命长，树龄有达200年的。现热带地区已广泛栽培为庭园观赏树及公路、行道树，有时亦作盆景。紫薇的木材坚硬、耐腐蚀，可作为农具、家具、建筑等用材；根、皮、叶、花皆可入药。

袁明 摄

黄琴 摄

名山区蒙顶山永兴寺 紫薇

挂牌编号：51180200202

估测树龄：600年

树高：8米　胸围：1.4米　平均冠幅：8米

保护等级：一级

姜锦 摄

冉闯 摄

汉源县清溪镇清溪文庙　紫薇

▲挂牌编号：51182300004

估测树龄：200年

树高：17米　胸围：1.9米　平均冠幅：16米

保护等级：三级

天全县新场镇观音寺　紫薇

▶挂牌编号：51182500053

估测树龄：120年

树高：8米　胸围：0.7米　平均冠幅：7米

保护等级：三级

高月春 摄

冬青 *Ilex chinensis*

冬青科 Aquifoliaceae，冬青属 *Ilex*。

【形态特征】常绿乔木，高可达13米。树皮灰黑色，当年生小枝浅灰色，圆柱形，具细棱；叶薄革质，椭圆形或披针形，基部楔形，边缘具圆齿，干时深褐色；花淡紫色或紫红色，向外反卷；果长球形，成熟时红色，内果皮厚革质。花期4~6月，果期7~12月。

【分布】冬青分布于江苏、浙江、江西、福建、台湾、河南、湖北、湖南、广东、广西、云南和四川等省区。生于海拔500~1 000米的山坡常绿阔叶林中和林缘。

【主要价值】冬青为中国常见的庭园观赏树种。木材坚韧，供细工原料，用于制玩具、雕刻品、工具柄、刷背和木梳等；树皮、种子、叶、根供药用，有较强的抑

菌和杀菌作用。树皮含革质，可提制栲胶。

雅安建档登记、挂牌保护的冬青古树仅存1株。

袁明 摄

袁明 摄

名山区茅河镇香水寺　冬青

挂牌编号：51180300027

估测树龄：144年

树高：13米　胸围：1.8米

平均冠幅：2米

保护等级：三级

枳椇 *Hovenia acerba*

鼠李科 Rhamnaceae，枳椇属 *Hovenia*。别名拐枣、鸡爪树、枸、南枳椇。

【形态特征】高大乔木，高 10 ~ 25 米。小枝褐色或黑紫色，被棕褐色短柔毛或无毛，有白色的皮孔；叶互生，厚纸质至纸质，宽卵形、椭圆状卵形或心形；二歧式聚伞圆锥花序，顶生和腋生，被棕色短柔毛，花两性；浆果状核果近球形，成熟时黄褐色或棕褐色，果序轴膨大肥厚。花期 5 ~ 7 月，果期 8 ~ 10 月。

【分布】产于甘肃、陕西、河南、安徽、江苏、浙江、江西、福建、广东、广西、湖南、湖北、四川、云南、贵州。生于海拔 2 100 米以下的开旷地、山坡林缘或疏林中；庭院宅旁常有栽培。

李琦 摄

陈平 摄

石棉县安顺场镇小水村　枳椇

挂牌编号：51182400007

估测树龄：300 年

树高：12.5 米　胸围：1.9 米　平均冠幅：12 米

保护等级：二级

【**主要价值**】枳椇是退耕还林、丘瘠薄地资源开发和现代绿化极好的新树种。果实利用价值高，其肥大的果序梗（拐枣），肉质多汁、营养丰富，含有多种营养元素和成分，营养价值远大于常见水果；也是常见的中药，有较强的利尿、解酒作用。木材紫红色，纹理美观，既是优质的建筑、装饰用材，也是家具、美术工艺品、车船、枪柄等的上好用材。

黄琴 摄

雨城区望鱼镇三台村
枳椇

挂牌编号：51180200192

估测树龄：150年

树高：23米　胸围：2.3米

平均冠幅：14米

保护等级：三级

李依凡 摄

酸枣 *Ziziphus jujuba*

鼠李科 Rhamnaceae，枣属 *Ziziphus*。别名小酸枣、山枣、棘。

【形态特征】落叶小乔木，稀灌木，高可达10米，树势较强。树皮褐色或灰褐色；枝条节间较短，托刺发达，除生长枝各节均具托刺外，结果枝托叶也成尖细的托刺；叶小而密生，果小，多圆或椭圆形，果皮厚、光滑，红色或紫红色，果肉薄味酸甜。花期5~7月，果期8~9月。

【分布】原产于中国华北，华中各省亦有分布，生长在海拔1 700米以下的山区、丘陵或平原。

【主要价值】酸枣的营养价值很高，也具有药用价值。酸枣作为中药应用已有2 000多年的历史，有养肝、宁心、安神、敛汗的作用。中医典籍《神农本草经》中记载，酸枣可以"安五脏，轻身延年"。酸枣含有钾、钠、铁、锌、磷、硒等多种微量元素，新鲜酸枣中维生素C的含量是红枣的2~3倍、柑橘的20~30倍，在人体中的利用率可达到86.3%，是水果中的佼佼者，被证明具有防病抗衰老与养颜益寿的作用。枣树花期较长，芳香多蜜，为良好的蜜源植物。

雅安建档登记、挂牌保护的酸枣古树仅存1株。

何斌 摄

何斌 摄

芦山县芦阳街道仁加村　酸枣

挂牌编号：51182600181

估测树龄：150年

树高：21米　胸围：2.9米　平均冠幅：12米

保护等级：三级

黑皮柿 *Diospyros nigricortex*

柿科 Ebenaceae，柿属 *Diospyros*。别名黑皮树。

【形态特征】乔木，高可达20米，胸径可达0.4米。树皮黑色；枝褐色，平滑无毛；叶薄革质，椭圆形至长圆形；花序总梗、花梗和雄花苞片的外面被锈色微柔毛，雄花聚伞花序腋生，雌花腋生；果腋生，扁球形。花期4～5月，果期7～10月。

【分布】产于云南南部。生于海拔1 800米以下的沟谷或溪畔密荫阔叶混交林、平地疏林、灌丛以至山顶阴处灌丛中。属易危树种。

【主要价值】柿果味甘涩、性寒、无毒，具有一定的食用价值和药用价值。

王昌义 摄

石棉县安顺场镇共和村　黑皮柿

挂牌编号：51182400078
估测树龄：600年
树高：26.5米　胸围：6.1米　平均冠幅：30米
保护等级：一级

王昌义 摄

李琦 摄

石棉县回隆镇回隆村　黑皮柿

挂牌编号：51182400034

估测树龄：500年

树高：11米　胸围：2.5米　平均冠幅：13米

保护等级：一级

王昌义 摄　　　　　　　　　　　　　　　李琦 摄

柿 *Diospyros kaki*

柿科 Ebenaceae，柿属 *Diospyros*。

【形态特征】落叶大乔木，通常高10~14米，胸径可达0.65米。树皮深灰色至灰黑色，或者黄灰褐色至褐色，裂成长方块状；树冠球形或长圆球形。枝开展，带绿色至褐色，散生皮孔；叶纸质，卵状椭圆形至倒卵形或近圆形；花雌雄异株，花序腋生，为聚伞花序，黄白色或黄白色而带紫红色；果形有球形、扁球形等。花期5~6月，果期9~10月。

【分布】原产于长江流域，主产于辽宁西部、长城一线经甘肃南部，折入四川、云南，在此线以南，东至台湾省。

【主要价值】柿树是中国栽培历史悠久的果树。柿子（饼）可食，柿子、柿蒂可药用；柿子可提取柿漆（别名柿油或柿涩），用于涂渔网、雨具，填补船缝和作建筑材料的防腐剂等。木材致密质硬，强度大，韧性强，可做纺织木梭、线轴，又可作为家具、箱盒、装饰和小用具、提琴的指板和弦轴等用材。在绿化方面，柿树寿命长，叶大荫浓。秋末冬初，霜叶染成红色，冬月落叶后，柿实殷红不落，树景优美。

雅安建档登记、挂牌保护的柿古树仅存1株。

王鑫 摄

荥经县龙苍沟镇万年村　柿

挂牌编号：51182200347

估测树龄：600年

树高：29.1米　胸围：4.8米

平均冠幅：29米

保护等级：一级

王维富 摄

臭椿 *Ailanthus altissima*

苦木科 Simaroubaceae，臭椿属 *Ailanthus*。原名樗（chū），别名椿树和木砻树，因叶基部腺点发散臭味而得名。

【形态特征】落叶乔木，高可达 20 米。树皮平滑而有直纹；嫩枝有髓，幼时被黄色或黄褐色柔毛；叶为奇数羽状复叶，揉碎后具臭味；圆锥花序，覆瓦状排列；翅果长椭圆形，种子位于翅的中间，扁圆形。花期 4～5 月，果期 8～10 月。此种树木生长迅速，可以在 25 年内达到 15 米的高度，但寿命较短，极少生存超过 50 年。

【分布】除黑龙江、吉林、新疆、青海、宁夏、甘肃和海南外，各地均有分布。

【主要价值】本种在石灰岩地区生长良好，可作石灰岩地区的造林树种，也可作园林风景树和行道树。木材可制作农具、车辆等，叶可饲椿蚕（天蚕），树皮、根皮、果实均可入药。

雅安建档登记、挂牌保护的臭椿古树仅存 2 株。

刘祯祥 摄

杨洋 摄

天全县喇叭河镇两路村　臭椿

挂牌编号：51182500026

估测树龄：230 年

树高：25 米　胸围：5.4 米　平均冠幅：12 米

保护等级：三级

袁明 摄

名山区黑竹镇新场村　臭椿

挂牌编号：51180300036

估测树龄：124年

树高：29米　胸围：3.4米　平均冠幅：14米

保护等级：三级

香椿 *Toona sinensis*

楝科 Meliaceae，香椿属 *Toona*。别名香椿铃、香铃子、香椿子、香椿芽。

【形态特征】乔木，树皮粗糙，深褐色，片状脱落；叶具长柄，偶数羽状复叶，对生或互生，纸质，卵状披针形或卵状长椭圆形；圆锥花序与叶等长或更长，小聚伞花序生于短的小枝上，多花，花瓣白色；蒴果狭椭圆形。花期6～8月，果期10～12月。

【分布】产于中国华北、华东、华中、华南和西南部各省区。生于山地杂木林或疏林中，各地也广泛栽培。

【主要价值】古代称香椿为椿，称臭椿为樗。中国人食用香椿久已成习，汉代就遍布大江南北。椿芽营养丰富，芳香可口，具

高月春 摄

食疗作用，供蔬食。木材纹理美丽，质坚硬，有光泽，耐腐蚀力强，易加工，为家具、室内装饰品及造船的优良木材；根皮及果可入药。香椿也是园林绿化的优选树种。

雅安建档登记、挂牌保护的香椿古树仅存1株。

高月春 摄

天全县兴业乡复兴村　香椿

挂牌编号：51182500063
估测树龄：150年
树高：30米　胸围：3.2米　平均冠幅：14米
保护等级：三级

高月春 摄

红椿 *Toona ciliata*

棟科 Meliaceae，香椿属 *Toona*。别名红棟子、赤蛇公、香铃子。

王鑫 摄

【形态特征】大乔木，高可达35米，落叶或半落叶。树皮灰褐色，小枝初时被柔毛，渐变无毛，有稀疏的苍白色皮孔。叶为偶数或奇数羽状复叶，对生或近对生，纸质，长圆状卵形或披针形；圆锥花序顶生，被短硬毛或近无毛；蒴果长椭圆形，木质，干后紫褐色，有苍白色皮孔。花期4～6月，果期10～12月。

【分布】产于福建、湖南、广东、广西、四川和云南等省区；多生于低海拔沟谷林中或山坡疏林中。

【主要价值】红椿为中国珍贵用材树种之一，有"中国桃花心木"之称。树干通直，树冠庞大，枝叶繁茂，可片植或丛植于山坡、沟谷、林中、河边、村旁，也可植于城市道路两侧做行道树或庭荫树。木材纹理通直，质软，耐腐蚀，适宜建筑、车舟、茶箱、家具、雕刻等用材。树皮含单宁，可提制栲胶。

雅安建档登记、挂牌保护的红椿古树仅存2株。

刘强 摄　　周四凤 摄

宝兴县蜂桶寨乡民治村　红椿

挂牌编号：51182700017

估测树龄：262年

树高：25.3米　胸围：7米　平均冠幅：18米

保护等级：三级

无患子 *Sapindus saponaria*

无患子科 Sapindaceae，无患子属 *Sapindus*。

【形态特征】落叶大乔木，高可达20米。树皮灰褐色或黑褐色；叶片薄纸质，长椭圆状披针形或稍呈镰形；花序顶生，圆锥形，花小，辐射对称；果的发育分果爿近球形，橙黄色，干时变黑。花期春季，果期夏秋。

【分布】产于中国东部、南部至西南部。各地寺庙、庭园和村边常见栽培。

【主要价值】根和果入药，味苦微甘，有小毒，清热解毒、化痰止咳；果皮含有皂素，可代肥皂，尤宜于丝质品之洗濯；木材质软，可做箱板和木梳等。

雅安建档登记、挂牌保护的无患子古树仅存1株。

王鑫 摄

李琦 摄

王昌义 摄

石棉县新棉街道岩子居委会
无患子

挂牌编号：51182400014

估测树龄：400年

树高：14.5米　胸围：2.7米

平均冠幅：13米

保护等级：二级

清香木 *Pistacia weinmanniifolia*

漆树科 Anacardiaceae，黄连木属 *Pistacia*。别名昆明乌木、香叶树、清香树。

【形态特征】灌木或小乔木，高可达8米，稀可达15米。树皮灰色，小枝具棕色皮孔，幼枝被灰黄色微柔毛；偶数羽状复叶互生，有小叶，革质，长圆形或倒卵状长圆形；花小，紫红色，无梗；核果球形，成熟时红色，先端细尖。

【分布】产于云南、西藏东南部、四川西南部、贵州西南部、广西西南部。生于海拔580~2 700米的石灰山林下或灌丛中。

王晓波 摄　　　　　　张家宁 摄

【主要价值】木材花纹色泽美观，材质硬重，干后稳定性好，可代替进口红木制作乐器、家具、木雕，用其乌木制成的工艺品价格极高。叶可提芳香油，民间常用叶碾粉制"香"。叶及树皮供药用。

张家宁 摄

石棉县丰乐乡三星村　清香木

挂牌编号：51182400064

估测树龄：800年

树高：10.5米　胸围：4.4米　平均冠幅：24米

保护等级：一级

张家宁 摄

石棉县丰乐乡三星村　**清香木**

▲挂牌编号：51182400068
估测树龄：500年
树高：13.2米　胸围：3.5米　平均冠幅：26米
保护等级：一级

汉源县富林镇西园社区　**清香木**

▼挂牌编号：51182300035
估测树龄：280年
树高：9.2米　胸围：3米　平均冠幅：18.8米
保护等级：三级

王晓波 摄

南酸枣 *Choerospondias axillaris*

漆树科 Anacardiaceae，南酸枣属 *Choerospondias*。别名五眼果、化郎果。

【形态特征】落叶乔木，高 8~20 米。树干挺直，树皮灰褐色，片状剥落；小枝粗壮，暗紫褐色，具皮孔，无毛；奇数羽状复叶，小叶膜质至纸质，卵形或卵状披针形或卵状长圆形；花杂性，异株，雄花和假两性花淡紫红色，顶生或腋生聚伞状圆锥花序；核果椭圆形或倒卵形，成熟时黄色。花期 4 月，果期 8~10 月。

【分布】产于西藏、云南、贵州、广西、广东、湖南、湖北、江西、福建、浙江、安徽。生于海拔 300~2 000 米的山坡、丘陵或沟谷林中。

王鑫 摄

【主要价值】南酸枣为较好的速生造林树种。树皮和叶可提栲胶。果可生食或酿酒。果核可作活性炭原料。茎皮纤维可作绳索。树皮和果入药，有消炎解毒、止血止痛之效，外用治大面积水火烧烫伤。

雅安建档登记、挂牌保护的南酸枣古树仅存 2 株。

袁明 摄

名山区茅河镇茅河村 南酸枣

挂牌编号：51180300015 估测树龄：114 年
树高：15 米 胸围：2.8 米 平均冠幅：14 米
保护等级：三级

191

野漆 *Toxicodendron succedaneum*

漆树科 Anacardiaceae，漆树属 *Toxicodendron*。

【形态特征】落叶乔木或小乔木，高可达10米。小枝粗壮，无毛，顶芽大，紫褐色；奇数羽状复叶互生，常集生小枝顶端，小叶对生或近对生，坚纸质至薄革质，长圆状椭圆形、阔披针形或卵状披针形；圆锥花序，花黄绿色；核果大，外果皮薄，淡黄色，中果皮厚，蜡质，白色，果核坚硬，压扁。

【分布】中国华北至长江以南各省区均产。生于海拔150～2 500米的林中。

张家宁 摄

【主要价值】根、叶及果入药。种子油可制皂或掺和干性油作油漆。中果皮的漆蜡可制蜡烛、膏药和发蜡等。树皮可提栲胶。树干乳液可代生漆用。木材坚硬致密，可作细工用材。

雅安建档登记、挂牌保护的野漆古树仅存2株。

张家宁 摄

石棉县永和乡大堡村　野漆

挂牌编号：51182400045

估测树龄：400年

树高：21.5米　胸围：4米　平均冠幅：23米

保护等级：二级

王昌义 摄

木樨 *Osmanthus fragrans*

木樨科 Oleaceae，木樨属 *Osmanthus*。别名月桂、桂花、木犀，又有金桂、银桂、丹桂、四季桂等不同名称。

【形态特征】常绿乔木或灌木，常见的有丹桂、金桂、银桂、四季桂等，最高可达18米。树皮灰褐色，小枝黄褐色，无毛。叶片革质，椭圆形、长椭圆形或椭圆状披针形；聚伞花序簇生于叶腋，或近于帚状，每腋内有花多朵，花极芳香；果歪斜，椭圆形，呈紫黑色。花期9~10月上旬，果期次年3月。

【分布】产地属中国，原产于中国西南部，现各地广泛栽培。

【主要价值】花为名贵香料，并作食品

香料，新鲜木樨花可用来做糕点、菜肴。在园艺栽培上，由于花的色彩不同，是优良的城市景观树种。

袁明 摄

名山区名山一中 木樨

挂牌编号：51180300197
估测树龄：322年

树高：9米 胸围：1.7米 平均冠幅：11米
保护等级：二级

舟阔 摄

汉源县清溪镇清溪文庙　木樨

▲挂牌编号：51182300003

估测树龄：200年

树高：12米　胸围：2.5米　平均冠幅：10米

保护等级：三级

郝立艺 摄

芦山县芦阳街道先锋居委会　木樨

▼挂牌编号：51182600020

估测树龄：120年

树高：6米　胸围：1米　平均冠幅：4米

保护等级：三级

何斌 摄

雨城区西城街道　木樨

◀挂牌编号：51180210058　51180210059

估测树龄：均为105年

树高：18.2米　17.8米

胸围：1.60米　1.54米

平均冠幅：13米　11米

保护等级：均为三级

女贞 *Ligustrum lucidum*

木樨科 Oleaceae，女贞属 *Ligustrum*。别名白蜡树、冬青、蜡树、将军树。

【形态特征】灌木或乔木，高可达25米。树皮灰褐色；枝黄褐色、灰色或紫红色，圆柱形，疏生圆形或长圆形皮孔；叶片常绿，革质，卵形、长卵形或椭圆形至宽椭圆形；圆锥花序顶生，花无梗或近无梗；果肾形或近肾形，深蓝黑色，成熟时呈红黑色。花期5~7月，果期7月~次年5月。

【分布】原产于中国，广泛分布于长江以南至华南、西南各省区，向西北分布至陕西、甘肃。生于海拔2 900米以下的疏、密林中。

【主要价值】枝叶茂密，树形整齐，是

王鑫 摄

常用观赏树种，可于庭院孤植或丛植，也作行道树、绿篱等。枝、叶上放养白蜡虫，能生产白蜡，供工业及医药用；叶可提取清香的冬青油添入甜食和牙膏中；果含淀粉，可供酿酒或制酱油；果、叶入药称"女贞子"；种子油可制肥皂；植株可作砧木嫁接繁殖丁香、桂花、金叶女贞。

王昌义 摄

王昌义 摄

石棉县新棉街道广元堡 女贞

挂牌编号：51182400010

估测树龄：600年

树高：18.2米　胸围：3.5米　平均冠幅：14米

保护等级：一级

李琦 摄

石棉县回隆镇回隆村　女贞

▲挂牌编号：51182400035

估测树龄：500年

树高：10.6米　胸围：2.2米

平均冠幅：13米

保护等级：一级

芦山县大川镇小河村　女贞

◄挂牌编号：51182600079

估测树龄：320年

树高：17.8米　胸围：2米

平均冠幅：9米

保护等级：二级

何斌 摄

何斌 摄

白花泡桐 *Paulownia fortunei*

玄参科 Scrophulariaceae，泡桐属 *Paulownia*。

【形态特征】乔木，高可达30米，树冠圆锥形，主干直，胸径可达2米。树皮灰褐色；幼枝、叶、花序各部和幼果均被黄褐色星状绒毛；叶片长卵状心脏形，有时为卵状心脏形；花序枝几无或仅有短侧枝，故花序狭长几成圆柱形；蒴果长圆形或长圆状椭圆形，果皮木质。花期3~4月，果期7~8月。

【分布】白花泡桐分布于安徽、浙江、福建、台湾、江西、湖北、湖南、四川、云南、贵州、广东、广西，野生或栽培。生于低海拔的山坡、林中、山谷及荒地，越向西南则分布越高，可达海拔2 000米。

【主要价值】主干端直，冠大荫浓，春天繁花似锦，夏天绿树成荫。适于庭园、公园、广场、街道作庭荫树或行道树。泡桐叶大无毛，能吸附尘烟，抗有毒气体，净化空气，适于厂矿绿化。根深，胁地小，为平原地区粮桐间作和绿化的理想树种。根、叶、花、果可入药。

雅安建档登记、挂牌保护的白花泡桐古树仅存2株。

芦山县芦阳街道汉姜古城　白花泡桐

▲挂牌编号：51182600021（前）
估测树龄：140年
树高：19米　胸围：2.9米　平均冠幅：11.5米
保护等级：三级
挂牌编号：51182600022（后）
估测树龄：140年
树高：20米　胸围：2.6米　平均冠幅：15米
保护等级：三级

何斌 摄

香果树 *Emmenopterys henryi*

茜草科 Rubiaceae，香果树属 *Emmenopterys*。

【形态特征】落叶大乔木，高可达 30 米，胸径可达 1 米。树皮灰褐色，鳞片状；小枝有皮孔，粗壮，扩展；叶纸质或革质，阔椭圆形、阔卵形或卵状椭圆形；圆锥状聚伞花序，顶生，花芳香，白色、淡红色或淡黄色；蒴果长圆状卵形或近纺锤形。花期 6~8 月，果期 8~11 月。

【分布】产于陕西、甘肃、江苏、安徽、浙江、江西、福建、河南、湖北、湖南、广西、四川、贵州、云南东北部至中部。生于海拔 430~1 630 米的山谷林中，喜湿润而肥沃的土壤。

【主要价值】香果树属国家二级珍稀濒危树种，资源分布少，繁殖比较困难，具有较高的经济和科研价值。树干高耸，花美丽，可作庭园观赏树；耐涝，可作固堤植物。树皮纤维柔细，是制蜡纸及人造棉的原料。木材纹理直、结构细，供制家具和建筑用。

雅安建档登记、挂牌保护的香果古树仅存 1 株。

袁明 摄

名山区蒙顶山花鹿池　香果树

挂牌编号：51180300155

估测树龄：109 年

树高：16 米　胸围：1.7 米　平均冠幅：13 米

保护等级：三级

黄琴 摄

模式标本

雅安山高谷深的地势地貌和独特的气候生态条件，为众多野生动植物提供了得天独厚的生存繁衍家园，可以说是"天然的物种基因库"、珍稀植物的"最后家园"，是生物研究的热点地区，有不少植物模式标本采自雅安。

第五章

模式标本（type specimens）是物种分类新阶元赖以建立和命名的依据和载体，具有不可替代的极高的学术价值和保藏价值，是分类学家用作新种描记的一组标本凭证，是构建新物种的物质基础。模式标本是科学界的共同财富，具有校阅查考、科学研究、学术交流等作用。模式标本的数量是一个地区分类学研究积累的重要反映，数量越多，说明该地区的关注度和生物多样性越高，是生物研究的热点地区，值得进一步加以保护。

雅安山高谷深的地势地貌和独特的气候生态条件，为众多野生动植物提供了得天独厚的生存条件，是"天然的物种基因库"、珍稀植物的"最后家园"。大熊猫、绿尾虹雉和珙桐等闻名世界的珍稀动植物的科学发现地均是雅安宝兴县，使其成为中国乃至世界知名的模式标本产地，被誉为"大熊猫的故乡"和"中国绿尾虹雉之乡"。尤其是四川蜂桶寨国家级自然保护区，地处青藏高原向四川盆地过渡的邛崃山脉中段和夹金山南麓，地势地貌复杂，多种气候并存，且气候垂直变化明显，造就了极其丰富的生物多样性。

雅安生物多样性吸引了国内外科学家和探险家的目光，他们纷至沓来，收集了大量的动植物标本，发现了许多新种。先后有法国博物学家、传教士阿尔芒·戴维，英国植物学家、园艺学家亨利·威尔逊，中国植物学家俞德俊、曲桂龄、宋滋圃等人在四川蜂桶寨国家级自然保护区及邻近地区（宝兴县境内）采集植物标本。

据《宝兴县动植物模式标本物种名录》（2020年6月）统计，1858—2019年，公开发表的模式标本产地在宝兴（穆坪）县境内（包括蜂桶寨保护区）的植物包括蕨类12种，裸子植物1种，被子植物199种（亚种）。我们还从其他渠道查阅到，也有不少植物模式标本采自雅安雨城、天全、汉源、石棉等县（区）。

由于产自雅安的模式标本大多保藏在国外的博物馆和研究机构中，这使得我国研究者在后来开展植物考察和分类系统学研究时，都需要到国外去查阅标本、获取资料，会遇到很多困难和问题。为此，雅安开展了地模标本的收集工作。

地模标本是模式标本原产地所采集的种的标本，它在植物考察和分类系统学研究中也具有十分重要的作用。开展地模植物调查是指对一个区域的模式物种进行摸底调查，获得最初在某地区发现的该物种的生长现状、图像、标本资料。2016年9月至2018年7月，四川省林业科学研究院联合中国科学院成都生物研究所在宝兴县共调查到174种地模植物，其中分布在四川蜂桶寨国家级自然保护区的有121种，保护区外有53种。

本章以乔木为主，选取模式标本采自雅安的部分植物进行展示，并参阅了2016年至2018年四川省林业科学研究院、中国科学院成都生物研究所在宝兴进行的地模标本调查资料，采纳了他们的调查成果，即下文所述的"此次调查"。

粗榧 *Cephalotaxus sinensis*

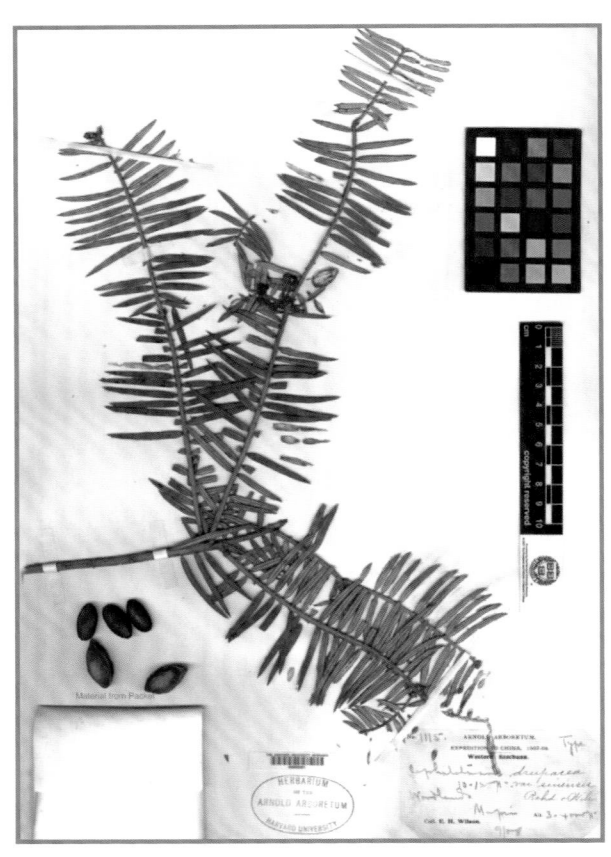

三尖杉科 Cephalotaxaceae，三尖杉属 *Cephalotaxus*。

模式标本采自四川宝兴。

【形态特征】常绿小乔木。树皮灰褐色，呈条状剥落；枝轮生；叶螺旋状互生，背面有两条灰白色气孔带；花单性，雌雄异株，雄花呈球形头状花序，腋生；种子核果状，长椭圆形，成熟时外为红褐色假种皮所裹。花期3月，果期10月。

【分布】此次调查分布：宝兴县穆坪镇雪山村（海拔1 095米）。

属于第三纪孑遗植物，中国特有树种，分布很广，江苏、浙江、安徽、福建、江西、河南、湖南、湖北、陕西、甘肃、四川、云南、贵州、广西、广东均有分布。

【生境】多数生于海拔600~2 200米的花岗岩、砂岩及石灰岩山地。

峨眉含笑 *Michelia wilsonii*

孟锐 摄

木兰科 Magnoliaceae，含笑属 *Michelia*。模式标本采自四川汉源。

【形态特征】乔木，高可达20米。嫩枝绿色，被淡褐色稀疏短平伏毛，老枝节间较密，具皮孔；叶革质，叶片倒卵形、狭倒卵形、倒披针形；花黄色，芳香，花被片带肉质，倒卵形或倒披针形；聚合果圆柱形，蓇葖长圆体形。花期3~5月，果期8~9月。

【分布】主要分布在四川成都都江堰，雅安雨城、荥经，眉山洪雅，乐山峨眉、峨边、沐川，重庆南川，湖北保康、利川、咸丰、鹤峰，贵州梵净山，云南广南、麻栗坡等地。

【濒危等级】峨眉含笑为残遗树种，列入中国《国家二级保护植物名录》，列入《世界自然保护联盟濒危物种红色名录》，保护级别为濒危。

【生境】生于海拔600~2 000米的林间。

孟锐 摄

孟锐 摄

宝兴木姜子 *Litsea moupinensis*

樟科 Lauraceae，木姜子属 *Litsea*。

模式标本采自四川宝兴。

【形态特征】落叶乔木。幼枝和顶芽密被黄褐色绒毛；叶互生，卵形、菱状卵形或长圆形，也有倒卵形，上面深绿色，下面灰绿色；伞形花序单生上年枝顶，先叶开放，花梗密被黄色绒毛，花被裂片黄色，近圆形；果球形，成熟时黑色。花期3~4月，果期7~8月。

【分布】中国数字植物标本馆分布区信息：宝兴县陇东镇赶羊沟、宝兴县五龙乡梅里川。

分布于四川。

【生境】生于海拔700~2 400米的山地路旁或杂木林中。

黄琴 摄

西藏悬钩子 *Rubus thibetanus*

蔷薇科Rosaceae，悬钩子属 *Rubus*。
模式标本采自四川宝兴。

【形态特征】落叶灌木。枝被白粉，小叶上面具柔毛，下面密被灰白色绒毛，顶生小叶卵状披针形；伞房花序常生于侧枝顶端，花瓣圆卵形，浅红色至紫红色；雄蕊紫红色；果实近球形，紫黑色或暗红色，密被灰色柔毛。花期6月，果期8月。

【分布】 此次调查分布：宝兴县蜂桶寨乡黄店子沟。

产于四川、陕西、甘肃。此种虽名为西藏悬钩子，但模式标本产地在四川西部宝兴，尚未见到西藏标本。

【生境】 生于海拔900~2 100米的低山灌丛中、林缘、山坡路旁或水沟旁。

黄琴 摄

麻叶花楸 *Sorbus esserteauiana*

蔷薇科 Rosaceae，花楸属 *Sorbus*。
模式标本采自四川宝兴。

【形态特征】灌木或乔木。冬芽长椭卵形，外被灰白色绒毛。奇数羽状复叶，长圆形、长圆椭圆形或长圆披针形；复伞房花序，白色花瓣卵形或近圆形；红色果实球形。花期5~6月，果期8~9月。

【分布】中国数字植物标本馆分布区信息：宝兴县蜂桶寨乡盐井村东河。
产于四川西部。

【生境】生于海拔1 700~3 000米的山地丛林中。

鞠文彬 摄

泡吹叶花楸 *Sorbus meliosmifolia*

蔷薇科 Rosaceae，花楸属 *Sorbus*。
模式标本采自四川宝兴。

【形态特征】 乔木，高可达10米。小枝黑褐色或暗红褐色。叶片长椭卵形至长椭倒卵形；复伞房花序，花萼筒钟状，外面有带黄色短柔毛；花瓣卵形，白色；果实近球形或卵形，褐色，具多数锈色斑点。花期4~5月，果期8~9月。

【分布】 此次调查分布：宝兴县陇东镇赶羊沟。

产于四川西部、云南西北部及广西东北部。

【生境】 生于海拔1 400~2 800米的山谷丛林中。

鞠文彬 摄

密毛小雀花 *Campylotropis polyantha*

豆科 Fabaceae，杭子梢属 *Campylotropis Bunge*。
模式标本采自四川石棉。

【形态特征】 落叶灌木，是小雀花的一个变种。小枝被灰白色绒毛。高1~2米，嫩枝有棱，羽状复叶具3小叶。总状花序腋生并常顶生形成圆锥花序，花冠粉红色、蝶形，单个小巧玲珑，整体繁花似锦。该物种处于野生状态，尚无人工栽培。其花序密生，花叶同放。

【分布】 密毛小雀花分布于四川及云南。雅安汉源、石棉常见。

【生境】 生于干山坡及荒野草地、路边等处，海拔900~1 300米。

孟锐 摄

207

高大灰叶梾木 *Swida poliophylla*

山茱萸科Cornaceae，梾木属 *Swida*。模式标本采自四川宝兴。

【形态特征】乔木。树皮浅褐色；叶片较大，厚纸质或亚革质，近卵圆形或椭圆形；顶生伞房状聚伞花序密被锈红色的柔毛，花白色，花萼裂片披针形，花瓣舌状长圆形或卵状披针形；核果球形，成熟时黑色。花期6月，果期10月。

【分布】中国数字植物标本馆分布区信息：宝兴县陇东镇中岗村洪水沟。此次调查分布：宝兴县陇东镇若壁沟。

产于四川宝兴。

【生境】生于海拔2 300米的森林中。

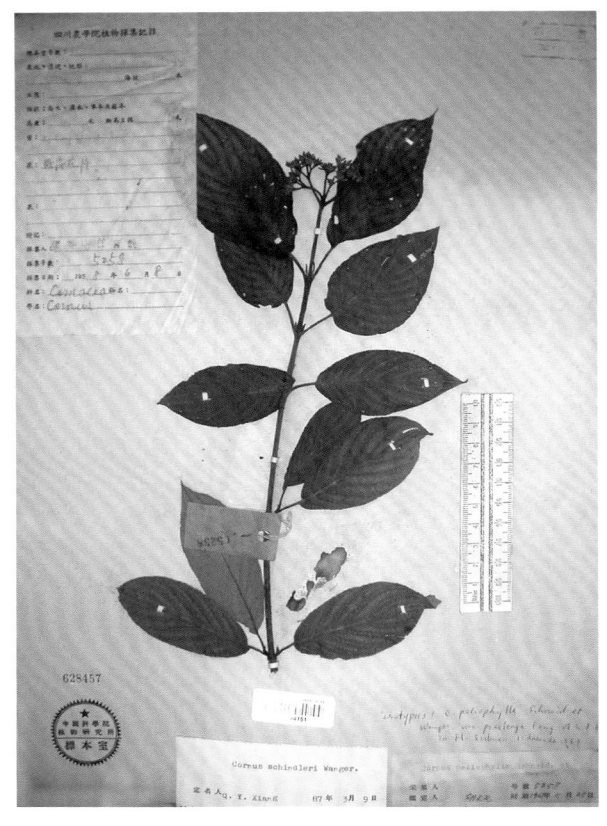

黄琴 摄

珙桐 *Davidia involucrata*

蓝果树科 Nyssaceae，珙桐属 *Davidia*。模式标本采自四川宝兴。

【形态特征】落叶乔木。叶纸质常密集于幼枝顶端，阔卵形或近圆形，边缘有三角形而尖端锐尖的粗锯齿，叶背密被淡黄色或淡白色丝状粗毛。近球形头状花序，着生于幼枝的顶端，基部具纸质、矩圆状卵形或矩圆状倒卵形花瓣状的苞片2~3枚；果实为长卵圆形核果，外果皮很薄，中果皮肉质，内果皮骨质具沟纹。花期4月，果期10月。

【分布】中国数字植物标本馆分布区信息：宝兴县陇东镇中岗村扑鸡沟。

分布于湖北、湖南、重庆、四川、贵州、云南、甘肃等省市。

【濒危等级】珙桐已被列为国家一级重点保护野生植物，为中国特有的单属植物，属孑遗植物，也是全世界著名的观赏植物。

【生境】生于海拔1 500~2 200米的润湿常绿阔叶落叶阔叶混交林中。

黄刚 摄

刚毛藤山柳 *Clematoclethra scandens*

狝猴桃科 Actinidiaceae，藤山柳属 *Clemato-clethra*。

模式标本采自四川宝兴。

【形态特征】老枝无毛，小枝被刚毛，基本无绒毛。叶纸质，卵形、长圆形、披针形或倒卵形；花序被细绒毛或兼被刚毛，花白色，花瓣瓢状倒矩卵形。花期6月，果期7~8月。

【分布】中国数字植物标本馆分布区信息：宝兴县蜂桶寨乡后山岗。此次调查分布：宝兴县蜂桶寨乡大水沟。

分布于四川、陕西、甘肃、贵州。

【生境】生于海拔1 800~2 500米的山林中。

鞠文彬 摄

宝兴柳 *Salix moupinensis*

杨柳科Salicaceae，柳属*Salix*。

模式标本采自四川宝兴。

【形态特征】小乔木。叶长圆形、椭圆形、倒卵形或卵形，上面暗绿色，下面淡绿色，叶柄通常有腺点；花序具正常叶，苞片长椭圆形，顶端圆形，有疏丝状毛；蒴果长椭圆状卵形。花期4月，果期5~6月。

【分布】中国数字植物标本馆分布区信息：宝兴县穆坪镇冷木沟，宝兴县蜂桶寨乡邓池沟、大水沟。

产于四川西部和云南西北部。

【生境】生于海拔1 500~3 000米的山地。中国特有树种。

鞠文彬 摄

林柳 *Salix driophila*

杨柳科Salicaceae，柳属*Salix*。
模式标本采自四川宝兴。

【形态特征】灌木。小枝紫褐色或黄褐色，当年生小枝被绒毛。叶椭圆形、长圆形至倒卵状长圆形或卵形，上面绿色，下面浅绿色。花序直立，与叶同时开放。蒴果卵形，有毛。花期4月下旬，果期5月下旬。

【分布】中国数字植物标本馆分布区信息：宝兴县灵关镇大溪乡大坪山、宝兴县陇东镇赶羊沟。

仅零星分布于四川西部，易陷入濒危状态。

【生境】 生于海拔2 100~3 050米的山坡林中或岩石旁及河滩地。

鞠文彬 摄   鞠文彬 摄

纤柳 *Salix phaidima*

杨柳科Salicaceae，柳属*Salix*。

模式标本采自四川宝兴。

【形态特征】乔木或灌木。叶线状披针形至卵状披针形；花序纤细，具正常叶；蒴果无柄，被丝状毛。花期5月，果期6月。

【分布】中国数字植物标本馆分布区信息：宝兴县陇东镇周家山。

【生境】生于海拔1 600~2 300米的山区。

黄琴 摄

黄琴 摄

213

川滇柳 *Salix rehderiana*

杨柳科Salicaceae，柳属*Salix*。

模式标本采自四川宝兴。

【形态特征】乔木或灌木。叶线状披针形至卵状披针形，上面毛渐脱落，下面初密被白色丝状绒毛，全缘稀有不规则的细腺锯齿；花序纤细，具正常叶；苞片长圆形，外面被丝状皱曲毛；蒴果无柄，被丝状毛。花期4月，果期5~6月。

【分布】中国数字植物标本馆分布区信息：宝兴县明礼乡庄子河坝、宝兴县蜂桶寨乡雅适德和宝兴县陇东镇赶羊沟、打枪棚。

中国特有，产于四川、云南、西藏（东部）、青海、甘肃、宁夏、陕西等省区。

【生境】生于海拔1 400~4 000米的山坡、山脊、林缘及灌丛中和山谷溪流旁。

黄琴 摄

小垫柳（原变种）*Salix brachista*

杨柳科 Salicaceae，柳属 *Salix*。模式标本采自四川汉源。

【形态特征】垫状灌木。主干及侧枝匍匐生长，其上生根，黄褐色。小枝近直立，红褐色。叶椭圆形，倒卵状椭圆形或卵形。花与叶同时开展，花序卵圆形，约有 10 朵花。蒴果长卵形，无毛，长约 0.4 厘米。花期 6~7 月，果期 7~8 月。

【分布】产于四川西部、云南西北部及西藏东部。为中国特有树种。

【生境】生于海拔 2 600~3 900 米的河谷及山坡阴湿处或灌丛下。

鞠文彬 摄

青杨 *Populus cathayana*

杨柳科 Salicaceae，杨属 *Populus*。模式标本采自四川汉源。

【形态特征】落叶乔木，高可达30米。树冠阔卵形；树皮幼时光滑灰绿色，老时暗灰色，沟裂；枝圆柱形，有时具角棱，幼时橄榄绿色，后变为橙黄色至灰黄色，无毛；芽长圆锥形，无毛；叶柄圆柱形，无毛；长枝或萌枝叶较大，卵状长圆形；蒴果卵圆形。花期3~5月，果期5~7月。

【分布】青杨为中国北方习见树种，产于辽宁、华北、西北、四川等地，各地多有栽培。

【生境】生于海拔800~3 000米的沟谷、河岸和阴坡山麓。性喜湿润或干燥寒冷的气候。对土壤要求不严，但适生于土层深厚肥沃、湿润、排水良好的土壤。能耐干旱。

黄琴 摄

茸毛山杨 *Populus davidiana*

杨柳科Salicaceae，杨属 *Populus*。

模式标本采自四川宝兴。

【形态特征】乔木。树皮光滑灰绿色或灰白色；小枝圆筒形，萌枝被柔毛；叶三角状卵圆形或近圆形，长宽近等；花序轴有疏毛或密毛，苞片棕褐色，掌状条裂，边缘有密长毛；蒴果卵状圆锥形。花期3~4月，果期4~5月。

【分布】此次调查分布：宝兴县硗碛藏族乡三道牛棚。

分布于四川，中国特有树种。

【生境】生于海拔2 300~3 000米的山坡。

鞠文彬 摄

鞠文彬 摄

扁刺锥 *Castanopsis platyacantha*

壳斗科 Fagaceae，锥属 *Castanopsis*。模式标本采自四川宝兴。

【形态特征】乔木，高可达20米。树皮灰褐黑色；叶革质，卵形、长椭圆形，常兼有倒卵状椭圆形的叶，成长叶黄灰或银灰色；花序自叶腋抽出，雄花序穗状或为圆锥花序；坚果阔圆锥形，密被棕色伏毛，果脐约占坚果面积的1/3。花期5~6月，果次年9~11月成熟。

【分布】此次调查分布：宝兴县灵关镇空石林景区。

分布于四川、贵州西北部、云南东北部。

【生境】生于海拔1 500~2 500米的山地疏林或密林中干燥或湿润地方，有时成小片纯林。

黄琴 摄

美容杜鹃 *Rhododendron calophytum*

杜鹃花科Ericaceae，杜鹃花属*Rhododendron*。模式标本采自四川宝兴。

【形态特征】常绿灌木或小乔木。冬芽阔卵圆形；叶厚革质，长圆状倒披针形或长圆状披针形，叶背面淡绿色，幼时有白色绒毛；顶生短总状伞形花序，苞片黄白色，狭长形，被有白色绢状细毛，花冠阔钟形，红色或粉红色至白色；蒴果斜生果梗上，长圆柱形至长圆状椭圆形。花期4~5月，果期9~10月。

【分布】中国数字植物标本馆分布区信息：宝兴县蜂桶寨乡邓池沟。

产于四川东南部、西部及北部，贵州中部及北部，云南东北部，陕西南部，甘肃东南部，湖北西部。

【生境】生于海拔1 300~4 000米的森林中或冷杉林下。

鞠文彬 摄　　　　鞠文彬 摄

树生杜鹃 *Rhododendron dendrocharis*

杜鹃花科 Ericaceae，杜鹃花属 *Rhododendron*。

模式标本采自四川宝兴。

【形态特征】 灌木，通常附生。椭圆形叶厚革质，边缘反卷，背面密被鳞片，褐色鳞片稍不等大；顶生花序，花萼裂片卵形，花冠宽漏斗状，鲜玫瑰红色，内面筒部有短柔毛，上部有深红色斑点；蒴果椭圆形或长圆形。花期4~6月，果期9~10月。

【分布】 中国数字植物标本馆分布区信息：宝兴县蜂桶寨乡邓池沟、宝兴县穆坪镇冷木沟。本次调查分布：宝兴县陇东镇赶羊沟、宝兴县蜂桶寨乡锅巴岩沟。

产于四川中南部及中西部。

【濒危等级】 列入《世界自然保护联盟濒危物种红色名录》，保护级别为濒危。

【生境】 常附生于海拔2 600~3 000米的冷杉、铁杉或其他阔叶树上。

鞠文彬 摄

鞠文彬 摄

腺果杜鹃 *Rhododendron davidii*

杜鹃花科 Ericaceae，杜鹃花属 *Rhododendron*。

模式标本采自四川宝兴。

【形态特征】常绿灌木或小乔木。高可达5米，稀可达8米。树皮黄褐色；幼枝绿色，无毛，老枝灰色，顶生冬芽卵形，叶厚革质，常集生枝顶，长圆状倒披针形或倒披针形，上面深绿色，下面苍白色。顶生伸长的总状花序，花冠阔钟形，玫瑰红色或紫红色；蒴果短圆柱形，褐色。花期4~5月，果期7~8月。

【分布】此次调查分布：宝兴县灵关镇空石林景区。

产于四川及云南。

【生境】生于海拔1 750~2 360米的森林中。

黄琴 摄

221

梓叶槭 *Acer catalpifolium*

鞠文彬 摄

鞠文彬 摄

槭树科 Aceraceae，槭属 *Acer*。

模式标本采自四川雅安。

【形态特征】乔木，高可达 25 米。树干很直，树冠伞形。树皮平滑，深灰色或灰褐色；小枝圆柱形，无毛，当年生的嫩枝绿色或紫绿色；多年生的老枝灰色或深灰色，皮孔圆形；叶纸质，卵形或长圆卵形；花黄绿色，杂性，雄花与两性花同株；小坚果压扁状，卵形，淡黄色。花期 4 月上旬，果期 8~9 月。

【分布】产于四川西部成都平原周围各县，广西、贵州也有。

【生境】生于海拔 500~2 000 米的混交林或山谷中。

青榨槭 *Acer davidii*

槭树科Aceraceae，槭属 *Acer*。

模式标本采自四川宝兴。

【形态特征】落叶乔木。冬芽腋生，长卵圆形。叶纸质，长圆卵形或近于长圆形，常有尖尾，下面淡绿色；花黄绿色，雄花与两性花同株，成下垂的总状花序，顶生于着叶的嫩枝，开花与嫩叶的生长大约同时；翅果嫩时淡绿色，成熟后黄褐色。花期4月，果期9月。

【分布】中国数字植物标本馆分布区信息：宝兴县蜂桶寨乡盐井坪、邓池沟。

分布于中国华北、华东、华中、西南各省区，黄河流域、长江流域和东南沿海各地。

【生境】生于海拔800~2 500米的疏林中。

黄琴 摄

汉源小檗(原变种)*Berberis bergmanniae*

孟锐 摄

孟锐 摄

孟锐 摄

小檗科 Berberidaceae，小檗属 *Berberis*。模式标本采自四川汉源。

【形态特征】常绿灌木，高 1~2 米。枝具条棱，棕色或棕黄色，茎刺三分叉，叶厚革质，长圆状椭圆形至椭圆形，叶缘加厚，每边具刺齿；叶柄短或近无柄。花簇生；外萼片卵形，内萼片倒卵形，花瓣倒卵形，浆果卵状椭圆形或卵圆形。花期 3~5 月，果期 5~10 月。

【分布】主要分布于四川。

【生境】生于海拔 1 200~2 000 米的山坡灌丛中或林中。

224

群落英姿

古树群落，指在一定区域内生长成片、相互依存的多种、多株古树组成，并形成独特生境的群体。

它们是古树，但它们相生相依，成片生长，共担风雨，同享阳光。

第六章

刘公馆古树群（郝立艺 摄）

明德中学（郝立艺 摄）

雨城区张家山公园 古树群落

　　张家山公园古树群落有樟树29株、乌桕树5株、枫杨2株、银杏2株，估测树龄100～150年。

　　张家山公园内建有刘公馆、明德中学。

　　刘公馆原为美国传教士柯培德旧居，1913年修建，民国时期西康省政府主席刘文辉入住这里，改为刘公馆。在柯培德和刘文辉居住期间，先后栽植树木若干。

　　明德中学建成于1922年，由美国哥伦比亚大学教育学博士兼传教士施勉志筹款修建，是西康省创办较早的教学机构。如今改建为西康博物馆。学校周边古树为建校时栽植。

　　1985年，改建为张家山公园，进行了修缮，保留原生树种。

李依凡 摄

郝立艺 摄

何家善 摄

雨城区碧峰峡镇红牌村　银杏群落

红牌村银杏群落有银杏树 12 株，树龄 300~500 年，占地面积约 1.33 公顷。每年 10 月初至 11 月中旬，是红牌村银杏群落的最佳观赏期。

何家善 摄

袁明 摄

名山区蒙顶山　中华木荷群落

蒙顶山中华木荷群落有中华木荷5株，平均树龄110年，平均胸围1.64米，平均树高15米，平均冠幅8米；最大胸围2.70米。

中华木荷 *Schima sinensis*

山茶科 Theaceae，木荷属 *Schima*。

【形态特征】乔木。嫩枝粗大，无毛。叶革质，长椭圆形或椭圆形，上面发亮，下面无毛，先端尖锐，基部钝，边缘有不规则的疏钝齿；花生于枝顶叶腋；蒴果。花期7～8月。

【分布】产于四川西部及云南东北部，多为野生，主要生长在山地或林中。

芦山县大川镇三江村　柯树群落

何斌 摄

何斌 摄

三江村柯树群落有柯树22株，估测树龄130～270年，树高18～27米，胸围2～3.6米，平均冠幅8.5～15.5米。

三江村是成都市邛崃市经雅安市芦山县大川镇翻山过宝兴县穆平镇至阿坝藏族羌族自治州小金县的必经之道，由此催生烟帮生意的繁荣。大川镇一位詹姓老人用土烟与湖南烟帮交换了34株柯树，按古时东南西北中五行生克方位，选择土层较厚的鱼脊背状的山岗栽植。现留存22株。

柯 *Lithocarpus glaber*

壳斗科 Fagaceae，柯属 *Lithocarpus*。别名柯树皮、石栎。

【形态特征】乔木，高可达15米，胸径可达0.4米。雄穗状花序多排成圆锥花序或单穗腋生；果序轴通常被短柔毛；壳斗碟状或浅碗状，硬木质；坚果椭圆形，暗栗褐色。花期7～11月，果次年同期成熟。

【分布】柯分布于秦岭南坡以南各地，北回归线以南极少见。生于海拔约1 500米以下的坡地杂木林中，阳坡较常见，常因被砍伐，故生成灌木状。

雨城区大兴街道大寨村
峨眉含笑群落

  峨眉含笑属濒危种，为中国特有，分布范围狭窄，且呈零星散生。

  大寨村峨眉含笑群落顺坡展布，呈上窄下宽的梯形，面积约14.67公顷。胸围5厘米以上植株有237株，小于5厘米的植株不计其数。

李依凡 摄

李依凡 摄

231

朱含雄 摄

郝立艺 摄

荥经县青龙镇云峰寺 古树群落

云峰寺内外有古树199株，其中楠木125株、润楠23株、扁刺锥12株、银杏11株、枫杨8株、柏木8株、杉木5株、樟3株、栗2株、侧柏1株、朴树1株。199株古树中一级古树87株，二级古树34株，三级古树78株；平均树龄613.9年，平均树高25.5米，平均胸围0.7米，平均冠幅10米。

李宁 摄

夏云 摄

高华康 摄

宝兴县东拉山　桂花群落

宝兴桂花，拉丁学名短丝木樨（*Osmanthus serrulatus* Rehder），是中国特有树种，具有较高的观赏价值。短丝木樨是木樨属少见的春季开花植物之一，其分布区狭窄，仅在四川西南部的雅安市、乐山市和成都市发现野生群体。

宝兴县野生桂花主要分布于陇东镇东拉山大峡谷赶羊沟和桂嬉湾，延伸10余公里，面积约666.67公顷。2006年4月，国际花卉协会桂花属权威专家向其柏教授鉴定认为，东拉山野生桂花群落是迄今为止全球发现的规模最大的野生桂花群落。

高华康 摄

每年3月底开始，东拉山野生桂花林开始绽放自己最美的时刻，"黄云阵阵，香风习习"，延续到5月。每逢桂花盛开，赏花游客络绎不绝。

张华 摄

张华 摄

高华康 摄

高华康 摄

宝兴县　红杉群落

　　红杉在宝兴主要分布于海拔 2 400 ~ 3 000 米的暗针叶林带，形成窄带或块状疏林，与冷杉、云杉、桦木、槭树、椴树等树种混生。红杉适应性强，能耐干寒气候及土壤瘠薄的环境，是很好的速生用材树种。宝兴县硗碛藏族乡神木垒红杉林面积约 200 公顷，金秋时节，一片红色，绚烂夺目，仿佛是大自然的彩画。

张华 摄

张华 摄

宝兴县 连香树群落

连香树为第三纪古热带植物的孑遗种单科植物，是古老原始的木本植物，雌雄异株，结实较少，天然更新困难，资源稀少，已濒临灭绝状态，被列入《中国珍稀濒危植物名录》《中国植物红皮书》和第一批《国家重点保护野生植物名录》，是国家二级重点保护野生植物。

宝兴县野生连香树主要分布在蜂桶寨乡、陇东镇、硗碛藏族乡。陇东镇的连香树有大片的纯林，植株个体高可达20米，胸围可达10米。连香树在宝兴县的垂直分布海拔为1 000～2 500米，常生长在山谷边缘或林中开阔地，主要与樟类、桦木、槭树形成落叶阔叶林。

连香树树姿优美，叶形奇特，季相丰富，早春时其幼嫩的树叶呈现暗红色，夏季呈现深绿色，秋季呈现鹅黄色，成为一道独特的景观，是典型的彩叶树种，极具观赏价值。

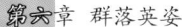

张华 摄

宝兴县政协提供

冉闯 摄

汉源县富庄镇同义村
古梨树群落

同义村有白梨古树600多株，树龄100～280年，平均胸围约0.4米，平均树高8.8米。古梨树虽历经沧桑，仍生长旺盛、枝繁叶茂、硕果累累。阳春三月，梨花盛开，花似飞雪，美不胜收。

冉闯 摄

汉源县九襄镇桃源村　**板栗群落**

　　桃源村板栗群落分布着 1 000 多株历经沧桑的板栗古树，树龄 100～300 年，平均树高约 15 米，平均胸围 0.6 米。板栗群落是汉源"百里花果长廊"线上一道亮丽的风景线，春秋赏景、夏季避暑、冬季赏雪。特别是金秋时节，清瘦苍劲的板栗古树，树枝金光灿灿，地面黄叶铺陈。

王晓波　摄

崔心怡　摄

天全县光头山云杉、铁杉、冷杉群落（刘祯祥 摄）

云杉、铁杉、冷杉群落

云杉、铁杉、冷杉群落在雅安各县区均有分布，多为原始天然林，海拔1 400～3 800米，自然带垂直分布明显。

宝兴县云杉、冷杉群落（高华康 摄）

宝兴县云杉群落（高华康 摄）

石棉县王岗坪云杉、铁杉、冷杉群落（郝立艺 摄）

云杉（张华 摄）

宝兴县云杉、铁杉、冷杉群落（高华康 摄）

云杉（张华 摄）

冷杉果（高华康摄）

宝兴县杜鹃群落（高华康 摄）

野生杜鹃群落

　　雅安野生杜鹃种类丰富，分布广泛，常生于海拔500~2 500米的山地疏灌丛或松林下，在海拔3 000~4 000米的高亚寒带灌丛草甸带也有大量分布。雅安野生杜鹃一般春季开花，高海拔地带延至6月初，每簇花2~6朵，有红、淡红、杏红、雪青、白色等，花色繁茂艳丽。

　　宝兴县有杜鹃属植物62种，其中19种为宝兴模式标本

宝兴县杜鹃群落（高华康 摄）

植物。宝兴县杜鹃总面积约 4 333.3 公顷。灵关镇大沟村空石林万亩高山杜鹃每年 5 月盛开，蔚为壮观，是"四川省十大最具潜力杜鹃花观赏地"之一；硗碛藏族乡达瓦更扎每年 6 月盛开的高山杜鹃花更是分外妖娆。

芦山县大川镇高山杜鹃花品种多、花色多、花期长。每年夏秋季节，杜鹃花随地势由低到高依次开放，放眼望去，满山飘红，美不胜收。因花树受气候环境所致，状如羊角，当地人称为"羊角花"。

每年 4 月开始，杜鹃花还是川藏线上最美的风景线。天全县境内的二郎山喇叭河景区的万亩高山杜鹃花是川藏线杜鹃花廊的核心组成部分。

宝兴县杜鹃群落（高华康 摄）

宝兴县杜鹃群落（高华康 摄）

宝兴县达瓦更扎高山杜鹃群落（高华康 摄）

天全县喇叭河杜鹃群落（刘祯祥 摄）

芦山县大川镇南天门杜鹃群落（何斌 摄）

宝兴县达瓦更扎高山杜鹃群落（高华康 摄）

野生珙桐群落

　　野生珙桐主要分布于雨城、天全、宝兴、荥经等县（区）原始林区，又以荥经县较多。

荣经县安靖乡野生珙桐群落（朱含雄 摄）

荥经县龙苍沟野生珙桐群落（朱含雄 摄）　　　荥经县龙苍沟野生珙桐群落（朱含雄 摄）

天全县光头山野生珙桐群落（刘祯祥 摄）

荥经县龙苍沟野生珙桐群落（陶雄辉 摄）

雨城区望鱼镇天河村野生珙桐群落（李依凡 摄）

珙桐花开鸽飞舞

1869年，法国博物学家、传教士阿尔芒·戴维深入雅安浩瀚的群山，当他带着众多神秘物种离开雅安，回到欧洲时，世界为之震撼。其中的一个物种，便是珙桐，珙桐从此走出雅安，走向欧洲，成为欧洲人民十分喜爱的观赏树种，并形象地称为"鸽子花树"。

约140年后的2008年，成片生长的野

生珙桐群落，进入专家学者和游客的视野，再次掀起了欣赏、研究珙桐的热潮。

珙桐，从雅安走向欧洲

1869 年 5 月，阿尔芒·戴维来到了穆坪（现雅安市宝兴县），在那儿，他发现了一种从未见过的植物。

树上那一对一对白色花瓣，在碧玉般的绿叶中随风飘逸，远远望去，仿佛是一群白鸽躲在枝头，扇动着可爱的翅膀。戴维很惊讶，断定这是他未见过的植物，取名为"手帕树"。他将采得的标本寄给位于巴黎的法国国家自然历史博物馆。该馆分类学家贝伦于 1871 年在该馆出版的杂志中，根据戴维标本建立了单种新属——珙桐属（Davidia）。为了记录戴维的贡献，拉丁学名中加入了戴维的名字，命名为 Davidia involucrata Baillon。在这个拉丁学名中，属名 Davidia 是戴维的名字，种加词 involucrata 意为"数朵花周围有一圈苞片"，代表了珙桐花最突出的形态特征。

珙桐是古老的孑遗植物，它的许多亲戚已经消失在地球的历史中，仅有我国少数地区保留了它生命的火种，被列为国家一级重点保护野生植物。

但真正叩动西方人的，是一幅珙桐花朵的彩色插图。1884 年，法国植物学家阿德里安·勒内·弗朗谢在全面鉴定了戴维采集的植物标本后，编写出《戴维所采植物志》，并绘制了一幅珙桐的彩色插图，夸张了苞片，叶脉细致清晰。这是书中唯一的彩页硬纸插图，是它打动了读者。这一奇特的植物引起法国植物学界和园林界的惊叹，同时引起了园林商人的兴趣。英国维彻公司打算从

遥远的中国引种这种美丽的花树。

1897 年，法国传教士法戈斯也采集到了珙桐的 37 颗种子，送给了法国园艺学家瑞恩。瑞恩将它们种在自己的树木园里，可是只有一颗种子发了芽。九年后，这株珙桐开花了，两个白色大苞片十分可爱，从远处看神似一只白鸽，风一来还翩翩起舞，美丽动人，法国人就直接称它"dove tree"，于是珙桐就得了个"鸽子树""鸽子花"的美名。从此，种植珙桐在欧洲风靡一时，成为欧洲的重要观赏树木，被赞誉为"中国鸽子树"，并赋予它安宁与和平的

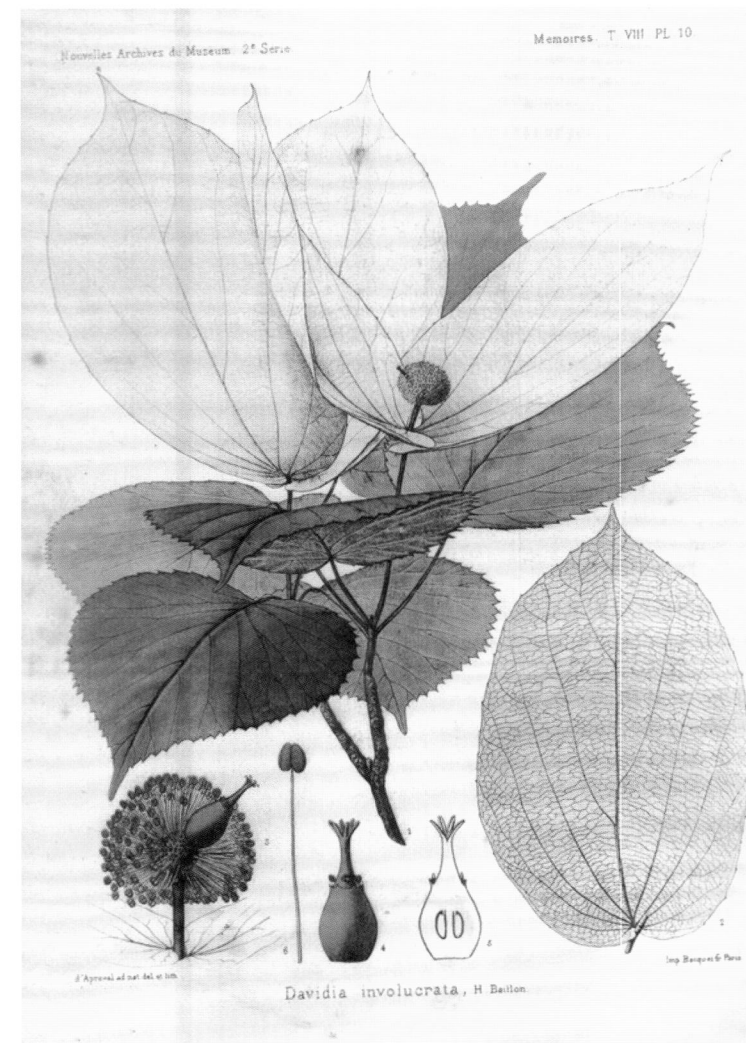

Davidia involucrata, H Baillon

意义。

但在故乡中国，珙桐并不受待见。在雅安山区，它被称为"水梨子""汤巴梨儿"。它的果是可以吃的，但口感很差，吃在嘴里有一种酸涩的感觉，易黏附在口腔里，俗称"绑口"；因为它的材质软脆，不耐凿子、斧头等工具，俗称"冷震"，不适合做家具；因为它含水量大，不易燃，且燃烧时烟子重，村民也不用作燃料。最大的用途就是在秋季制作干笋时用。也许就是珙桐的这种"无用"吧，反而大面积保留了下来。

20 世纪 50 年代，时任国务院总理周恩来到日内瓦参加一个国际会议，在他下榻的宾馆院子里，他看到了一种特别美丽的树，怒放的朵朵白花，既像展开双翅飘然而至的鸽子，又如同垂挂在枝头迎风飘舞的白手帕。

周总理惊奇之余，咨询这是什么树，宾馆工作人员答复说："这是从贵国引进的树种，名为'鸽子树'。"周总理回国后向相关人员探询，并期望植物学家能寻觅到"鸽子树"。不久，昆明的一个植物研究所在云南发现了珙桐。20 世纪 60 年代，珙桐开始在我国培育并传播开来。

发现野生珙桐群落

2008 年"五一"劳动节期间，雅安市荥经县对龙苍沟文化旅游资源进行了一次较为详细地考察。

就是这次考察，在黄沙河、清水河流域发现了成片分布的珙桐约 1 400 公顷。漫山遍野的珙桐开出雪白的花，犹如万千白鸽栖息在树梢枝头，振翅欲飞，与清脆鸟鸣相映成趣，场面宏大，有"千鸽唤禽"之趣！

当《龙苍沟文化旅游资源考察报告》面世的时候，这一发现，受到了广泛的质疑。因为资料显示，珙桐为中国特有树种，在四川、湖北、湖南、广东、广西、贵州、云南等省区的深山区均有分布，但成片分布，相当稀少。湖北天门山有约 200 株成片珙桐，被认为是中国当时最大的珙桐群落。

于是，省、市的相关领导和部门对这次发现给予极大的关注，并责成荥经县林业部门对荥经珙桐群落进行深入调查。

根据调查，黄沙河、清水河流域珙桐分布的面积达 5 319.1 公顷。其中，集中成片面积 2 629.3 公顷，占分布面积的 49.4%；块状分布面积 1 480.4 公顷，占分布面积的 27.8%；带状分布面积 491.3 公顷，占分布面积的 9.2%；零星分布面积 718.1 公顷，占分布面积的 13.6%。

事实得到确认，需要的是科学解读。

2008 年 7 月至 10 月，华中农业大学、湖北民族学院联合组成调查组，对龙苍沟的珙桐进行了种群生态学调查，认为"荥经县珙桐面积大、分布密集、种群处于增长阶段，演替状况较好，实属罕见"。

2015 年 10 月，四川省林业勘察设计研究院再次调查完成了《荥经县林业生态综合信息监管平台建设项目·森林资源二类调查·珙桐等珍稀树种专项调查报告》。结果显示，荥经县的珙桐主要分布在大相岭自然保护区、龙苍沟国家森林公园、零星国有林场、国有森林经营所、龙苍沟镇、安靖乡等地，分布面积达到 13 191.36 公顷。

据调查，宝兴县、天全县原始林区均有成片野生珙桐分布，但不如荥经多。

周安勇／文

附表

雅安古树名木名录（一级、二级）

一级古树（1 000 年以上）

树种名称	挂牌编号	科	属	县(区)	乡镇(街道)	村(社区)	小地名	估测树龄	树高(m)	胸围(m)	平均冠幅(m)
雅安红豆	51180200061	豆科	红豆属	雨城区	碧峰峡镇	后盐村	晏家山	2 000	29.7	7.9	19
银杏	51180200169	银杏科	银杏属	雨城区	多营镇	葫芦村	白云庵	1 800	22	7	20
银杏	51180300121	银杏科	银杏属	名山区	蒙顶山镇	蒙山村	天盖寺	2 204	27.7	3.6	14
银杏	51180300122	银杏科	银杏属	名山区	蒙顶山镇	蒙山村	天盖寺	2 204	29	3.5	13
银杏	51180300123	银杏科	银杏属	名山区	蒙顶山镇	蒙山村	天盖寺	2 204	29.4	3.6	14
银杏	51180300124	银杏科	银杏属	名山区	蒙顶山镇	蒙山村	天盖寺	2 204	30.8	3.5	13
银杏	51180300125	银杏科	银杏属	名山区	蒙顶山镇	蒙山村	天盖寺	2 204	29.4	3.2	14
银杏	51180300126	银杏科	银杏属	名山区	蒙顶山镇	蒙山村	天盖寺	2 204	26.8	2.2	11
银杏	51180300127	银杏科	银杏属	名山区	蒙顶山镇	蒙山村	天盖寺	2 204	29.5	4.7	14
银杏	51180300128	银杏科	银杏属	名山区	蒙顶山镇	蒙山村	天盖寺	2 204	13.1	1.8	12
银杏	51180300129	银杏科	银杏属	名山区	蒙顶山镇	蒙山村	天盖寺	2 204	28	2.8	15
银杏	51180300130	银杏科	银杏属	名山区	蒙顶山镇	蒙山村	天盖寺	2 204	28	3	15
银杏	51180300131	银杏科	银杏属	名山区	蒙顶山镇	蒙山村	天盖寺	2 204	18.1	1.8	13
银杏	51180300132	银杏科	银杏属	名山区	蒙顶山镇	蒙山村	天盖寺	2 204	16.9	1.8	12
银杏	51180300133	银杏科	银杏属	名山区	蒙顶山镇	蒙山村	天盖寺	2 204	15.9	1.3	12
银杏	51180300134	银杏科	银杏属	名山区	蒙顶山镇	蒙山村	天盖寺	2 204	27.7	3.1	14
茶	51180300140	山茶科	山茶属	名山区	蒙顶山镇	蒙山村	天盖寺	1 104	3.7	0.2	2
茶	51180300141	山茶科	山茶属	名山区	蒙顶山镇	蒙山村	天盖寺	1 104	4.1	0.2	2
茶	51180300142	山茶科	山茶属	名山区	蒙顶山镇	蒙山村	天盖寺	1 104	3.2	0.2	2
茶	51180300143	山茶科	山茶属	名山区	蒙顶山镇	蒙山村	天盖寺	1 104	3.5	0.2	2
茶	51180300144	山茶科	山茶属	名山区	蒙顶山镇	蒙山村	天盖寺	1 104	3.2	0.2	2
茶	51180300145	山茶科	山茶属	名山区	蒙顶山镇	蒙山村	天盖寺	1 104	3.3	0.2	2
茶	51180300146	山茶科	山茶属	名山区	蒙顶山镇	蒙山村	天盖寺	1 104	3.5	0.2	2
山茶	51180300154	山茶科	山茶属	名山区	蒙顶山镇	蒙山村	玉女峰	1 104	9.2	1.1	7
银杏	51180300182	银杏科	银杏属	名山区	蒙顶山镇	蒙山村	白果树	1 204	18.3	3.9	20
楠木	51182200113	樟科	楠属	荥经县	青龙镇	柏香村	云峰寺	1 000	25.3	2.7	10
楠木	51182200115	樟科	楠属	荥经县	青龙镇	柏香村	云峰寺	1 000	28.4	2.9	8

续表

树种名称	挂牌编号	科	属	县(区)	乡镇(街道)	村(社区)	小地名	估测树龄	树高(m)	胸围(m)	平均冠幅(m)
楠木	51182200116	樟科	楠属	荥经县	青龙镇	柏香村	云峰寺	1 000	31.2	2.6	8
楠木	51182200118	樟科	楠属	荥经县	青龙镇	柏香村	云峰寺	1 700	29.1	7	20
楠木	51182200151	樟科	楠属	荥经县	青龙镇	柏香村	云峰寺	1 500	25	7.9	15
润楠	51182200152	樟科	润楠属	荥经县	青龙镇	柏香村	云峰寺	1 000	23.5	3	5
楠木	51182200186	樟科	楠属	荥经县	青龙镇	柏香村	云峰寺	1 100	31.5	4.1	5
楠木	51182200188	樟科	楠属	荥经县	青龙镇	柏香村	云峰寺	1 000	23.1	4.2	13
楠木	51182200192	樟科	楠属	荥经县	青龙镇	柏香村	云峰寺	1 700	30.5	7.8	9
楠木	51182200200	樟科	楠属	荥经县	青龙镇	柏香村	云峰寺	1 000	22	3	15
楠木	51182200201	樟科	楠属	荥经县	青龙镇	柏香村	云峰寺	1 000	31.5	3.7	5
银杏	51182200223	银杏科	银杏属	荥经县	青龙镇	柏香村	云峰寺	1 000	24	4.5	17
楠木	51182200230	樟科	楠属	荥经县	青龙镇	柏香村	云峰寺	1 000	26	4.1	21
楠木	51182200231	樟科	楠属	荥经县	青龙镇	柏香村	云峰寺	1 000	27.3	4.1	5
银杏	51182200235	银杏科	银杏属	荥经县	青龙镇	柏香村	云峰寺	1 000	23	2.5	17
楠木	51182200250	樟科	楠属	荥经县	青龙镇	柏香村	云峰寺	1 000	24.5	5.2	21
楠木	51182200267	樟科	楠属	荥经县	青龙镇	柏香村	云峰寺	1 000	24.3	3.1	20
枫杨	51182200277	胡桃科	枫杨属	荥经县	青龙镇	柏香村	云峰寺	1 000	21.2	3.4	16
楠木	51182200332	樟科	楠属	荥经县	严道街道	青仁村	烈士陵园	1 500	25	5.3	27
红豆杉	51182200348	红豆杉科	红豆杉属	荥经县	龙苍沟镇	万年村	子柏社	1 000	20.2	3	5
飞蛾槭	51182400003	槭树科	槭属	石棉县	安顺场镇	安顺村	马鞍山	1 000	20.5	3.6	20
云南油杉	51182400040	松科	油杉属	石棉县	回隆镇	福龙村	镇政府	1 680	31	5.3	20
峨眉含笑	51182400070	木兰科	含笑属	石棉县	安顺场镇	解放村	砚客	1 900	22.5	6	23
峨眉含笑	51182400071	木兰科	含笑属	石棉县	安顺场镇	解放村	水井头	1 200	26.5	4	25
峨眉含笑	51182400072	木兰科	含笑属	石棉县	安顺场镇	解放村	水井头	1 400	25.5	4.6	30
楠木	51182500054	樟科	楠属	天全县	兴业乡	陈家村	刘家山	1 100	22	5.7	30
楠木	51182600024	樟科	楠属	芦山县	龙门镇	古城村	古城坪	1 200	28	7.2	31.5
银杏	51182600030	银杏科	银杏属	芦山县	龙门镇	青龙场村	纸房山	1 100	28	7.9	18.5
银杏	51182600075	银杏科	银杏属	芦山县	大川镇	小河村	秧秧坪	1 100	30	6.7	24.5
红豆杉	51182600109	红豆杉科	红豆杉属	芦山县	大川镇	三江村	医院后面	1 100	24	3.8	14.5
银杏	51182600155	银杏科	银杏属	芦山县	双石镇	石宝村	石宝岩	1 400	26	5.6	12.5
柏木	51182700007	柏科	柏木属	宝兴县	陇东镇	陇兴村	半坡头	1 702	26	7.5	28
柏木	51182700033	柏科	柏木属	宝兴县	五龙乡	铁坪山村	柏树岗	1 602	31.2	7.5	14

257

一级古树（500~999年）

树种名称	挂牌编号	科	属	县(区)	乡镇(街道)	村(社区)	小地名	估测树龄	树高(m)	胸围(m)	平均冠幅(m)
黄葛树	51180210067	桑科	榕属	雨城区	大兴街道	前进社区	大兴小学	590	18	9.1	12
黄葛树	51180210068	桑科	榕属	雨城区	大兴街道	前进社区	大兴小学	505	20	6.2	14
红豆杉	51180200095	红豆杉科	红豆杉属	雨城区	上里镇	五家村	胥家湾	800	25	5.7	9
黄葛树	51180200166	桑科	榕属	雨城区	草坝镇	塘坝村	塘坝上	500	21	5.2	23
黄葛树	51180300002	桑科	榕属	名山区	黑竹镇	王山村	莲花场	554	18.1	5.7	11
黄葛树	51180300029	桑科	榕属	名山区	黑竹镇	廖场中心社区	廖场街上文武	774	13.7	7.1	26
紫薇	51180300202	千屈菜科	紫薇属	名山区	蒙顶山镇	蒙山村	永兴寺	600	8	1.4	8
楠木	51182200001	樟科	楠属	荥经县	严道街道	城中社区	人民路	600	20	2.8	11
楠木	51182200002	樟科	楠属	荥经县	严道街道	城中社区	人民路	600	19	2.7	12
侧柏	51182200003	柏科	侧柏属	荥经县	严道街道	城中社区	向阳巷	800	17	2.7	4
楠木	51182200004	樟科	楠属	荥经县	严道街道	城中社区	向阳巷	500	25	1.9	11
楠木	51182200105	樟科	楠属	荥经县	青龙镇	沙坝河村	10社	500	25.1	3.3	14
楠木	51182200109	樟科	楠属	荥经县	青龙镇	柏香村	云峰寺	700	23.4	2.4	10
楠木	51182200110	樟科	楠属	荥经县	青龙镇	柏香村	云峰寺	700	25.3	2.1	10
楠木	51182200112	樟科	楠属	荥经县	青龙镇	柏香村	云峰寺	800	23.1	2.6	5
楠木	51182200114	樟科	楠属	荥经县	青龙镇	柏香村	云峰寺	700	25.5	1.6	5
楠木	51182200128	樟科	楠属	荥经县	青龙镇	柏香村	云峰寺	600	24.3	2.5	13
楠木	51182200129	樟科	楠属	荥经县	青龙镇	柏香村	云峰寺	500	22.4	2.6	7
楠木	51182200130	樟科	楠属	荥经县	青龙镇	柏香村	云峰寺	600	31.3	2.6	7
楠木	51182200136	樟科	楠属	荥经县	青龙镇	柏香村	云峰寺	650	29.5	2.2	7
楠木	51182200143	樟科	楠属	荥经县	青龙镇	柏香村	云峰寺	790	30	2.5	10
楠木	51182200144	樟科	楠属	荥经县	青龙镇	柏香村	云峰寺	775	31	2.4	9
楠木	51182200145	樟科	楠属	荥经县	青龙镇	柏香村	云峰寺	830	29.5	2.6	10
楠木	51182200147	樟科	楠属	荥经县	青龙镇	柏香村	云峰寺	755	28.8	2.4	9
楠木	51182200148	樟科	楠属	荥经县	青龙镇	柏香村	云峰寺	760	29.7	2.4	8
楠木	51182200149	樟科	楠属	荥经县	青龙镇	柏香村	云峰寺	820	30.8	2.6	7
楠木	51182200150	樟科	楠属	荥经县	青龙镇	柏香村	云峰寺	760	30.4	2.4	9
润楠	51182200155	樟科	润楠属	荥经县	青龙镇	柏香村	云峰寺	500	22.3	0.9	6

续表

树种名称	挂牌编号	科	属	县(区)	乡镇(街道)	村(社区)	小地名	估测树龄	树高(m)	胸围(m)	平均冠幅(m)
楠木	51182200160	樟科	楠属	荥经县	青龙镇	柏香村	云峰寺	500	22	2.2	9
楠木	51182200168	樟科	楠属	荥经县	青龙镇	柏香村	云峰寺	500	23	3.6	16
枫杨	51182200183	胡桃科	枫杨属	荥经县	青龙镇	柏香村	云峰寺	500	23.2	4	13
扁刺锥	51182200184	壳斗科	锥属	荥经县	青龙镇	柏香村	云峰寺	500	20.5	3.1	7
扁刺锥	51182200187	壳斗科	锥属	荥经县	青龙镇	柏香村	云峰寺	600	21.2	2.6	7
楠木	51182200189	樟科	楠属	荥经县	青龙镇	柏香村	云峰寺	900	25.2	3.2	10
楠木	51182200193	樟科	楠属	荥经县	青龙镇	柏香村	云峰寺	500	22.1	2.5	7
楠木	51182200203	樟科	楠属	荥经县	青龙镇	柏香村	云峰寺	800	23	3.7	19
楠木	51182200224	樟科	楠属	荥经县	青龙镇	柏香村	云峰寺	600	23	2.8	14
银杏	51182200226	银杏科	银杏属	荥经县	青龙镇	柏香村	云峰寺	500	25	2.6	12
银杏	51182200234	银杏科	银杏属	荥经县	青龙镇	柏香村	云峰寺	500	23.5	2.6	15
楠木	51182200252	樟科	楠属	荥经县	青龙镇	柏香村	云峰寺	500	29.5	2.2	11
楠木	51182200254	樟科	楠属	荥经县	青龙镇	柏香村	云峰寺	600	30.5	3.3	17
楠木	51182200255	樟科	楠属	荥经县	青龙镇	柏香村	云峰寺	500	23	3.3	14
银杏	51182200257	银杏科	银杏属	荥经县	青龙镇	柏香村	云峰寺	500	23.2	3.1	14
银杏	51182200258	银杏科	银杏属	荥经县	青龙镇	柏香村	云峰寺	800	31.6	2.5	13
楠木	51182200260	樟科	楠属	荥经县	青龙镇	柏香村	云峰寺	990	25.3	3.6	20
楠木	51182200261	樟科	楠属	荥经县	青龙镇	柏香村	云峰寺	800	25.4	3	5
楠木	51182200262	樟科	楠属	荥经县	青龙镇	柏香村	云峰寺	850	27.2	2.5	19
楠木	51182200263	樟科	楠属	荥经县	青龙镇	柏香村	云峰寺	800	27.1	2.7	15
楠木	51182200264	樟科	楠属	荥经县	青龙镇	柏香村	云峰寺	800	27.2	2.4	22
润楠	51182200268	樟科	润楠属	荥经县	青龙镇	柏香村	云峰寺	550	30.5	2.1	11
润楠	51182200278	樟科	润楠属	荥经县	青龙镇	柏香村	云峰寺	600	31.1	2.5	15
楠木	51182200280	樟科	楠属	荥经县	青龙镇	柏香村	云峰寺	550	30.1	1.8	11
栗	51182200290	壳斗科	栗属	荥经县	青龙镇	柏香村	云峰寺	800	13.1	3.9	10
楠木	51182200291	樟科	楠属	荥经县	青龙镇	柏香村	云峰寺	900	26.6	3.3	5
楠木	51182200292	樟科	楠属	荥经县	青龙镇	柏香村	云峰寺	880	22	4.6	21
楠木	51182200295	樟科	楠属	荥经县	青龙镇	柏香村	云峰寺	500	26.1	3.1	11
楠木	51182200297	樟科	楠属	荥经县	青龙镇	柏香村	云峰寺	900	27.1	3.4	15

续表

树种名称	挂牌编号	科	属	县(区)	乡镇(街道)	村(社区)	小地名	估测树龄	树高(m)	胸围(m)	平均冠幅(m)
楠木	51182200298	樟科	楠属	荥经县	青龙镇	柏香村	云峰寺	900	27	2.7	9
楠木	51182200299	樟科	楠属	荥经县	青龙镇	柏香村	云峰寺	950	28.1	3.3	8
楠木	51182200302	樟科	楠属	荥经县	青龙镇	柏香村	云峰寺	960	31.5	2.7	11
银杏	51182200303	银杏科	银杏属	荥经县	青龙镇	柏香村	云峰寺	850	27.4	2.3	6
银杏	51182200304	银杏科	银杏属	荥经县	青龙镇	柏香村	云峰寺	800	24	2.1	9
柿	51182200347	柿科	柿属	荥经县	龙苍沟镇	万年村	同心社	600	29.1	4.8	29
枫杨	51182200350	胡桃科	枫杨属	荥经县	龙苍沟镇	万年村	23社	500	25.2	4.4	20
楠木	51182200351	樟科	楠属	荥经县	龙苍沟镇	快乐村	14社	800	28.5	3.6	21
云南油杉	51182400004	松科	油杉属	石棉县	安顺场镇	小水村	大杉树	500	18.5	3.1	13
青冈	51182400005	壳斗科	青冈属	石棉县	安顺场镇	小水村	陈家祖坟	500	17.8	2.3	15
山槐	51182400006	豆科	合欢属	石棉县	安顺场镇	小水村	陈家祖坟	500	18.1	3.8	21
云南油杉	51182400009	松科	油杉属	石棉县	新棉街道	广元堡	平子	500	21.4	2.4	14
女贞	51182400010	木犀科	女贞属	石棉县	新棉街道	广元堡	平子	600	18.2	3.5	14
侧柏	51182400017	柏科	侧柏属	石棉县	新棉街道	安靖社区	3组	600	22.5	1.8	6
云南松	51182400018	松科	松属	石棉县	新棉街道	安靖社区	安靖坝	550	22.5	2.9	15
黄葛树	51182400021	桑科	榕属	石棉县	新棉街道	老街社区	6组	500	11.5	4.9	10
云南油杉	51182400032	松科	油杉属	石棉县	新棉街道	西区社区	利吉堡	800	24	4	27
黑皮柿	51182400034	柿科	柿属	石棉县	回隆镇	回隆村	马井子	500	11	2.5	13
女贞	51182400035	木犀科	女贞属	石棉县	回隆镇	回隆村	马井子	500	10.6	2.2	13
黑皮柿	51182400036	柿科	柿属	石棉县	回隆镇	叶坪村	黑林子	600	17.5	4.4	16
朴树	51182400037	榆科	朴属	石棉县	回隆镇	福龙村	水井坎	600	26.5	3.6	17
清香木	51182400053	漆树科	黄连木属	石棉县	迎政乡	八牌村	董家坡	600	11.2	2.7	22
清香木	51182400062	漆树科	黄连木属	石棉县	丰乐乡	三星村	杂口石	600	11.5	3.6	25
清香木	51182400064	漆树科	黄连木属	石棉县	丰乐乡	三星村	杂口石	800	10.5	4.4	24
清香木	51182400065	漆树科	黄连木属	石棉县	丰乐乡	三星村	杂口石	550	11.5	2.2	21
清香木	51182400066	漆树科	黄连木属	石棉县	丰乐乡	三星村	杂口石	500	11	1.9	19
清香木	51182400068	漆树科	黄连木属	石棉县	丰乐乡	三星村	海燕窝	500	13.2	3.5	26
黑皮柿	51182400078	柿科	柿属	石棉县	安顺场镇	共和村	冲杠	600	26.5	6.1	30
朴树	51182400088	榆科	朴属	石棉县	蟹螺藏族乡	大湾村	雅寨	600	17.7	3.2	19

续表

树种名称	挂牌编号	科	属	县（区）	乡镇（街道）	村（社区）	小地名	估测树龄	树高（m）	胸围（m）	平均冠幅（m）
光叶玉兰	51182400090	木兰科	木兰属	石棉县	新民藏族彝族乡	双坪村	堡子坪	600	11.3	3	17
毛豹皮樟	51182400094	樟科	木姜子属	石棉县	王岗坪彝族藏族乡	挖角村	上甘池	600	11.2	2.3	10
毛豹皮樟	51182400095	樟科	木姜子属	石棉县	王岗坪彝族藏族乡	挖角村	上甘池	550	12.3	1.9	8
青冈	51182400096	壳斗科	青冈属	石棉县	王岗坪彝族藏族乡	幸福村	郑家坪	600	19.9	3.7	30
刺楸	51182400097	五加科	刺楸属	石棉县	草科藏族乡	田湾河村	大坡	500	22.8	4.5	26
黑壳楠	51182400101	樟科	山胡椒属	石棉县	草科藏族乡	农家村	老房基	600	16.2	5	15
红豆杉	51182500025	红豆杉科	红豆杉属	天全县	喇叭河镇	红灵村	红灵山	500	16.5	2.8	10
银杏	51182500041	银杏科	银杏属	天全县	仁义镇	岩峰村	青龙杠	500	29	5.3	10
银杏	51182500044	银杏科	银杏属	天全县	新华乡	孝廉村	后田坎	650	30	6.8	17
银杏	51182500045	银杏科	银杏属	天全县	新华乡	孝廉村	椅南窝	500	23	3.7	19
楠木	51182500055	樟科	楠属	天全县	兴业乡	陈家村	岩口上	800	25	4.6	28
楠木	51182500056	樟科	楠属	天全县	兴业乡	陈家村	麻柳岗	900	30	5.4	23
楠木	51182600025	樟科	楠属	芦山县	龙门镇	古城村	下石桥	900	22	6	22.5
楠木	51182600026	樟科	楠属	芦山县	龙门镇	青龙场村	青龙寺	800	25	4.2	15
红豆杉	51182600027	红豆杉科	红豆杉属	芦山县	龙门镇	隆兴村	中心校	700	17	5	11.5
楠木	51182600029	樟科	楠属	芦山县	龙门镇	青龙场村	老鸭鱼	900	26	5.6	19
楠木	51182600076	樟科	楠属	芦山县	大川镇	小河村	秧秧坪	940	28	5.2	18
楠木	51182600077	樟科	楠属	芦山县	大川镇	小河村	秧秧坪	810	27	4.6	15
楠木	51182600078	樟科	楠属	芦山县	大川镇	小河村	龙坊坪	600	28	4.1	16.5
红豆杉	51182600106	红豆杉科	红豆杉属	芦山县	大川镇	三江村	医院后面	620	21	2.3	12.5
红豆杉	51182600107	红豆杉科	红豆杉属	芦山县	大川镇	三江村	医院后面	620	20	2.3	12.5
红豆杉	51182600108	红豆杉科	红豆杉属	芦山县	大川镇	三江村	医院后面	700	22	2.5	13
黑壳楠	51182600145	樟科	山胡椒属	芦山县	大川镇	三江村	长滩	500	24	4.9	18
枫杨	51182600146	胡桃科	枫杨属	芦山县	双石镇	石宝村	石宝岩	550	24	3.1	16.5
枫杨	51182600148	胡桃科	枫杨属	芦山县	双石镇	石凤村	梨儿坪	500	22	3.8	13.5
红豆杉	51182600149	红豆杉科	红豆杉属	芦山县	双石镇	双河村	河边上	980	21	4.8	17
枫杨	51182600156	胡桃科	枫杨属	芦山县	双石镇	石宝村	石宝岩	600	25	5.8	14
红豆杉	51182600047	红豆杉科	红豆杉属	芦山县	太平镇	祥和村	中心校	800	27	3.1	8.5

二级古树（300~499年）

树种名称	挂牌编号	科	属	县(区)	乡镇(街道)	村(社区)	小地名	估测树龄	树高(m)	胸围(m)	平均冠幅(m)
黄葛树	51180210079	桑科	榕属	雨城区	东城街道	东大街	雅安农商行	300	22	5.5	15
楠木	51180200004	樟科	楠属	雨城区	青江街道	金鸡关村	金凤寺	400	30	2.7	16
银杏	51180200055	银杏科	银杏属	雨城区	碧峰峡镇	黄龙村	王家山	300	24	4.7	18
银杏	51180200139	银杏科	银杏属	雨城区	上里镇	七家村		300	26.3	4.4	21
楠木	51180200145	樟科	楠属	雨城区	上里镇	共和村	杨家沟边	350	28	3.8	18
黄葛树	51180200151	桑科	榕属	雨城区	草坝镇	九龙村	2社	300	15	2.8	16
杉木	51180200153	杉科	杉木属	雨城区	草坝镇	和龙村	张家沟	350	30	6	17
黄葛树	51180200161	桑科	榕属	雨城区	草坝镇	新城村		400	13	3.8	16
红豆杉	51180200194	红豆杉科	红豆杉属	雨城区	晏场镇	后径村	瓦窑砣	300	15	3.8	9
皂荚	51180200204	豆科	皂荚属	雨城区	望鱼镇	天河村	电站边	330	23	4.4	11
黄葛树	51180300001	桑科	榕属	名山区	黑竹镇	黑竹关村	陈水碾	304	17	5.4	14
楠木	51180300003	樟科	楠属	名山区	百丈镇	千尺村		304	26	2.6	10
柏木	51180300016	柏科	柏木属	名山区	茅河镇	香水村	香水寺	304	18	1.6	7
柏木	51180300017	柏科	柏木属	名山区	茅河镇	香水村	香水寺	304	19	1.5	7
柏木	51180300018	柏科	柏木属	名山区	茅河镇	香水村	香水寺	304	22	1.6	5
柏木	51180300020	柏科	柏木属	名山区	茅河镇	香水村	香水寺	304	20	1.7	7
柏木	51180300021	柏科	柏木属	名山区	茅河镇	香水村	香水寺	304	19	1.7	6
柏木	51180300022	柏科	柏木属	名山区	茅河镇	香水村	香水寺	304	20	1.7	5
柏木	51180300023	柏科	柏木属	名山区	茅河镇	香水村	香水寺	304	19	1.8	4
柏木	51180300024	柏科	柏木属	名山区	茅河镇	香水村	香水寺	304	17	1.4	3
柏木	51180300025	柏科	柏木属	名山区	茅河镇	香水村	香水寺	304	18	1.7	5
柏木	51180300026	柏科	柏木属	名山区	茅河镇	香水村	香水寺	304	19	1.3	5
枫香	51180300037	金缕梅科	枫香树属	名山区	百丈镇	观音村	刘基房	314	27	3.2	15
楠木	51180300105	樟科	楠属	名山区	红星镇	骑龙村	詹沟	304	28	2.8	15
黄葛树	51180300109	桑科	榕属	名山区	永兴街道	箭道村	香泽沟	354	26.7	6.3	16
黄葛树	51180300112	桑科	榕属	名山区	永兴街道	三岔村	桥头	304	22	5.1	20
黄葛树	51180300113	桑科	榕属	名山区	永兴街道	三岔村	桥头	354	28	5.3	13
黄葛树	51180300114	桑科	榕属	名山区	永兴街道	双墙村	水碾上	314	22	5.4	19
楠木	51180300183	樟科	楠属	名山区	蒙顶山镇	蒙山村	千佛寺	450	36	3	10

续表

树种名称	挂牌编号	科	属	县(区)	乡镇(街道)	村(社区)	小地名	估测树龄	树高(m)	胸围(m)	平均冠幅(m)
楠木	51180300184	樟科	楠属	名山区	蒙顶山镇	蒙山村	千佛寺	450	37	3	15
黄葛树	51180300190	桑科	榕属	名山区	蒙阳街道	东城社区	江边街	320	17	4.5	14
黄葛树	51180300191	桑科	榕属	名山区	蒙阳街道	东城社区	江边街	370	13	6.2	15
黄葛树	51180300192	桑科	榕属	名山区	蒙阳街道	东城社区	江边街	372	20	4.6	14
黄葛树	51180300193	桑科	榕属	名山区	蒙阳街道	东城社区	江边街	342	17	3.7	11
木犀	51180300197	木犀科	木犀属	名山区	蒙阳街道	中心社区	名山一中	322	9	1.7	11
楠木	51180300198	樟科	楠属	名山区	蒙阳街道	中心社区	名山一中	322	25	3	17
楠木	51180300199	樟科	楠属	名山区	蒙阳街道	中心社区	名山一中	322	30	3.1	10
楠木	51180300200	樟科	楠属	名山区	蒙阳街道	中心社区	名山一中	322	24	2.4	11
楠木	51180300201	樟科	楠属	名山区	蒙阳街道	中心社区	名山一中	322	25	1.9	9
楠木	51182200009	樟科	楠属	荥经县	严道街道	城北社区	鹤田巷	300	13	1.5	4
楠木	51182200052	樟科	楠属	荥经县	青龙镇	双红村	9社	450	25.1	4.7	22
黑壳楠	51182200099	樟科	山胡椒属	荥经县	青龙镇	复兴村	2社	300	15.2	3.4	10
毛豹皮樟	51182200107	樟科	木姜子属	荥经县	青龙镇	桂花村	8社	300	16.1	2.1	5
杉木	51182200117	杉科	杉木属	荥经县	青龙镇	柏香村	云峰寺	400	30	2.4	8
润楠	51182200121	樟科	润楠属	荥经县	青龙镇	柏香村	云峰寺	300	28.2	3.3	12
楠木	51182200124	樟科	楠属	荥经县	青龙镇	柏香村	云峰寺	300	25.4	2.9	14
楠木	51182200126	樟科	楠属	荥经县	青龙镇	柏香村	云峰寺	300	24.3	2.5	5
楠木	51182200134	樟科	楠属	荥经县	青龙镇	柏香村	云峰寺	400	25.3	1.5	6
柏木	51182200137	柏科	柏木属	荥经县	青龙镇	柏香村	云峰寺	300	29.5	1.2	4
楠木	51182200138	樟科	楠属	荥经县	青龙镇	柏香村	云峰寺	300	24.1	2.7	18
楠木	51182200139	樟科	楠属	荥经县	青龙镇	柏香村	云峰寺	300	31.3	3	10
杉木	51182200146	杉科	杉木属	荥经县	青龙镇	柏香村	云峰寺	400	31.5	2.4	9
楠木	51182200154	樟科	楠属	荥经县	青龙镇	柏香村	云峰寺	360	29.8	3.3	19
银杏	51182200167	银杏科	银杏属	荥经县	青龙镇	柏香村	云峰寺	300	22.3	2.2	10
楠木	51182200199	樟科	楠属	荥经县	青龙镇	柏香村	云峰寺	300	22.3	2.6	9
润楠	51182200204	樟科	润楠属	荥经县	青龙镇	柏香村	云峰寺	300	22	2.2	16
楠木	51182200207	樟科	楠属	荥经县	青龙镇	柏香村	云峰寺	300	25	2.6	17
楠木	51182200210	樟科	楠属	荥经县	青龙镇	柏香村	云峰寺	300	26	2.1	18
枫杨	51182200237	胡桃科	枫杨属	荥经县	青龙镇	柏香村	云峰寺	300	25.4	4	19
楠木	51182200248	樟科	楠属	荥经县	青龙镇	柏香村	云峰寺	300	27	2	17

续表

树种名称	挂牌编号	科	属	县(区)	乡镇(街道)	村(社区)	小地名	估测树龄	树高(m)	胸围(m)	平均冠幅(m)
楠木	51182200249	樟科	楠属	荥经县	青龙镇	柏香村	云峰寺	300	25.3	2.4	16
楠木	51182200269	樟科	楠属	荥经县	青龙镇	柏香村	云峰寺	400	31.1	1.9	7
楠木	51182200270	樟科	楠属	荥经县	青龙镇	柏香村	云峰寺	400	24.3	1.4	6
楠木	51182200271	樟科	楠属	荥经县	青龙镇	柏香村	云峰寺	350	24.3	1.5	5
楠木	51182200272	樟科	楠属	荥经县	青龙镇	柏香村	云峰寺	400	31	1.8	7
楠木	51182200273	樟科	楠属	荥经县	青龙镇	柏香村	云峰寺	300	26.1	1.3	6
楠木	51182200274	樟科	楠属	荥经县	青龙镇	柏香村	云峰寺	400	27.3	1.7	8
楠木	51182200275	樟科	楠属	荥经县	青龙镇	柏香村	云峰寺	400	26.2	1.8	12
枫杨	51182200279	胡桃科	枫杨属	荥经县	青龙镇	柏香村	云峰寺	400	21	2.1	12
楠木	51182200281	樟科	楠属	荥经县	青龙镇	柏香村	云峰寺	350	30.1	1.4	10
楠木	51182200282	樟科	楠属	荥经县	青龙镇	柏香村	云峰寺	300	26.3	1.2	7
楠木	51182200283	樟科	楠属	荥经县	青龙镇	柏香村	云峰寺	350	27	1.4	10
楠木	51182200284	樟科	楠属	荥经县	青龙镇	柏香村	云峰寺	350	22.5	1.5	8
楠木	51182200287	樟科	楠属	荥经县	青龙镇	柏香村	云峰寺	360	23	1.7	8
楠木	51182200289	樟科	楠属	荥经县	青龙镇	柏香村	云峰寺	400	28.2	2.1	12
润楠	51182200294	樟科	润楠属	荥经县	青龙镇	柏香村	云峰寺	300	27.1	3.1	20
侧柏	51182200296	柏科	侧柏属	荥经县	青龙镇	柏香村	云峰寺	400	27.2	1.7	5
楠木	51182200300	樟科	楠属	荥经县	青龙镇	柏香村	云峰寺	300	24.1	1.8	9
银杏	51182200305	银杏科	银杏属	荥经县	青龙镇	柏香村	云峰寺	400	25.2	1.7	8
扁刺锥	51182200306	壳斗科	锥属	荥经县	青龙镇	柏香村	云峰寺	400	25.1	1.9	5
银杏	51182200318	银杏科	银杏属	荥经县	泗坪乡	断机村	4社	300	26.5	3.3	25
枫杨	51182200329	胡桃科	枫杨属	荥经县	荥河镇	新立村	2社	300	27.2	6.4	19
润楠	51182200331	樟科	润楠属	荥经县	荥河镇	新立村	1社	300	30.1	3.5	23
皂荚	51182200349	豆科	皂荚属	荥经县	龙苍沟镇	经河村	16社	300	18.1	1.8	5
楠木	51182200353	樟科	楠属	荥经县	龙苍沟镇	快乐村	29社	300	26.1	2.1	13
黄葛树	51182300008	桑科	榕属	汉源县	富林镇	西园社区		300	7.1	3.1	8
黄葛树	51182300009	桑科	榕属	汉源县	富林镇	西园社区	入城口	300	5.8	2.7	3
黄葛树	51182300011	桑科	榕属	汉源县	富林镇	西园社区	工商广场	350	9.5	5.3	5
黄葛树	51182300014	桑科	榕属	汉源县	富泉镇	富泉社区		300	8.1	4.4	7
黄葛树	51182300016	桑科	榕属	汉源县	大树镇	桂贤村		300	25	5.7	30
黄葛树	51182300025	桑科	榕属	汉源县	大树镇	麦坪村	狮子沟	300	10	0.9	17.8

续表

树种名称	挂牌编号	科	属	县(区)	乡镇(街道)	村(社区)	小地名	估测树龄	树高(m)	胸围(m)	平均冠幅(m)
黄葛树	51182300031	桑科	榕属	汉源县	富林镇	西园社区	公园	300	10	3.5	10.1
黄葛树	51182400001	桑科	榕属	石棉县	安顺场镇	安顺村	帅家屋基	360	19.2	6	28
皂荚	51182400002	豆科	皂荚属	石棉县	安顺场镇	安顺村	云盘山	400	18.5	4.8	21
枳椇	51182400007	鼠李科	枳椇属	石棉县	安顺场镇	小水村	陈家屋基	300	12.5	1.9	12
黑皮柿	51182400012	柿科	柿属	石棉县	新棉街道	草八牌	山皇庙	300	11.3	1.6	11
无患子	51182400014	无患子科	无患子属	石棉县	新棉街道	岩子社区	川心店	400	14.5	2.7	13
沙梨	51182400016	蔷薇科	梨属	石棉县	新棉街道	安靖社区	3组	300	13.5	1.8	9
黑皮柿	51182400019	柿科	柿属	石棉县	新棉街道	老街社区	老4队	400	9.8	2.1	10
女贞	51182400020	木犀科	女贞属	石棉县	新棉街道	老街社区	6组	300	12.2	2.3	10
枇杷	51182400022	蔷薇科	枇杷属	石棉县	新棉街道	老街社区	黄镓酒店	300	12.6	1.7	9
雅榕	51182400031	桑科	榕属	石棉县	新棉街道	西区社区	大广场	300	11.5	5.7	16
小叶青冈	51182400033	壳斗科	青冈属	石棉县	回隆镇	回隆村	万平子	300	11.2	1.9	13
青冈	51182400038	壳斗科	青冈属	石棉县	回隆镇	南桠村	灯展窝	300	23	3.2	23
青冈	51182400039	壳斗科	青冈属	石棉县	回隆镇	南桠村	小堡子	350	24.5	3.5	21
黄葛树	51182400041	桑科	榕属	石棉县	永和乡	纳耳坝村	老学校	350	18.3	4.3	28
黄葛树	51182400042	桑科	榕属	石棉县	永和乡	纳耳坝村	老学校	350	18.5	6	28
黄葛树	51182400043	桑科	榕属	石棉县	永和乡	纳耳坝村	老学校	350	16.2	4	14
黄葛树	51182400044	桑科	榕属	石棉县	永和乡	纳耳坝村	狮子口	380	21.5	6.1	32
野漆	51182400045	漆树科	漆属	石棉县	永和乡	纳耳坝村	杠杠上	400	21.5	4	23
野漆	51182400046	漆树科	漆属	石棉县	永和乡	纳耳坝村	杠杠上	300	18	3.1	25
黄葛树	51182400047	桑科	榕属	石棉县	永和乡	白马村	白马集镇	300	8.5	5	5
黄葛树	51182400048	桑科	榕属	石棉县	永和乡	白马村	凉风岗	300	11.6	3.2	14
酸枣	51182400049	鼠李科	枣属	石棉县	迎政乡	新民村	酸枣树	300	20.5	9	25
清香木	51182400050	漆树科	黄连木属	石棉县	迎政乡	八牌村	石家湾	450	10.5	2	13
黄葛树	51182400051	桑科	榕属	石棉县	迎政乡	八牌村	银厂沟	300	22	6.1	21
清香木	51182400052	漆树科	黄连木属	石棉县	迎政乡	八牌村	6组	450	9.5	1.9	10
清香木	51182400054	漆树科	黄连木属	石棉县	迎政乡	八牌村	凉台山	300	10.5	1.4	7
清香木	51182400055	漆树科	黄连木属	石棉县	迎政乡	八牌村	凉台山	300	10	2	8
小叶青冈	51182400057	壳斗科	青冈属	石棉县	美罗镇	三明村	吴家湾	350	23.5	2	23
清香木	51182400060	漆树科	黄连木属	石棉县	丰乐乡	三星村	杂口石	400	6	2.5	15
清香木	51182400061	漆树科	黄连木属	石棉县	丰乐乡	三星村	杂口石	300	6.5	1.8	13

续表

树种名称	挂牌编号	科	属	县(区)	乡镇(街道)	村(社区)	小地名	估测树龄	树高(m)	胸围(m)	平均冠幅(m)
清香木	51182400063	漆树科	黄连木属	石棉县	丰乐乡	三星村	墩墩上	350	12.5	2.1	22
清香木	51182400067	漆树科	黄连木属	石棉县	丰乐乡	三星村	杂口石	350	6.5	2	12
清香木	51182400069	漆树科	黄连木属	石棉县	丰乐乡	三星村	海燕窝	300	10.5	1.6	9
云南油杉	51182400073	松科	油杉属	石棉县	新棉街道	老街	鸡公山	300	12	2.5	13
黄葛树	51182400079	桑科	榕属	石棉县	安顺场镇	共和村	冲杠	400	16.2	3.6	16
枇杷	51182400081	蔷薇科	枇杷属	石棉县	蟹螺藏族乡	大湾村	观音沟	350	17.3	3.1	14
侧柏	51182400082	柏科	侧柏属	石棉县	蟹螺藏族乡	江坝村	蟹螺堡子	300	11.5	1.3	5
黑皮柿	51182400084	柿科	柿属	石棉县	蟹螺藏族乡	江坝村	蟹螺堡子	300	14.2	2.7	18
朴树	51182400085	榆科	朴属	石棉县	蟹螺藏族乡	江坝村	蟹螺堡子	350	22.3	4	20
朴树	51182400086	榆科	朴属	石棉县	蟹螺藏族乡	大湾村	雅寨	350	26.1	3.5	21
毛豹皮樟	51182400091	樟科	木姜子属	石棉县	新民藏族彝族乡	双坪村	叶大坪	300	7.2	2.5	3
皂荚	51182400092	豆科	皂荚属	石棉县	新民藏族彝族乡	马厂村	元宝山	300	17.2	3.5	12
黑壳楠	51182400098	樟科	山胡椒属	石棉县	草科藏族乡	农家村	对窝坪	400	21.5	3.5	23
黑壳楠	51182400099	樟科	山胡椒属	石棉县	草科藏族乡	农家村	对窝坪	400	21.2	2.3	12
清香木	51182400102	漆树科	黄连木属	石棉县	丰乐乡	三星村	海燕窝	350	12.4	1.9	19
清香木	51182400103	漆树科	黄连木属	石棉县	丰乐乡	三星村	海燕窝	350	11.3	1.9	16
清香木	51182400104	漆树科	黄连木属	石棉县	丰乐乡	三星村	海燕窝	350	11.7	2.2	18
清香木	51182400105	漆树科	黄连木属	石棉县	丰乐乡	三星村	海燕窝	350	13.3	1.4	13
清香木	51182400106	漆树科	黄连木属	石棉县	丰乐乡	三星村	海燕窝	350	10.7	1.9	14
清香木	51182400107	漆树科	黄连木属	石棉县	丰乐乡	三星村	海燕窝	350	6	1.9	9
银杏	51182500013	银杏科	银杏属	天全县	思经镇	黍子村	坪上	380	19	2.9	8
樟	51182500022	樟科	樟属	天全县	思经镇	青元村	莲花寺	320	15	3.2	12
楠木	51182500024	樟科	楠属	天全县	思经镇	鱼泉村	黄兰坪	320	10	3.2	9
枫杨	51182500027	胡桃科	枫杨属	天全县	喇叭河镇	两路村	老街	350	27	7.5	30
枫杨	51182500032	胡桃科	枫杨属	天全县	始阳镇	罗代村	上坝	370	19	7.2	21
罗汉松	51182500052	罗汉松科	罗汉松属	天全县	新场镇	丁村	观音寺	476	9	0.8	5
枫杨	51182500059	胡桃科	枫杨属	天全县	兴业乡	铜厂村	和平头	300	25	5.3	14
枫杨	51182500060	胡桃科	枫杨属	天全县	兴业乡	铜厂村	和平头	300	25	5	15

续表

树种名称	挂牌编号	科	属	县(区)	乡镇(街道)	村(社区)	小地名	估测树龄	树高(m)	胸围(m)	平均冠幅(m)
枫杨	51182500061	胡桃科	枫杨属	天全县	兴业乡	铜厂村	和平头	300	25	4.4	11
楠木	51182600023	樟科	楠属	芦山县	芦阳街道	火炬村	吕村坝	380	22.7	2.5	14
柏木	51182600035	柏科	柏木属	芦山县	飞仙关镇	凤禾	禾茂	420	21.3	3	12.5
楠木	51182600053	樟科	楠属	芦山县	太平镇	胜利村	四岗上	400	23	4	15
枫杨	51182600071	胡桃科	枫杨属	芦山县	宝盛乡	中坝村	河边上	340	22.1	4.8	13
银杏	51182600067	银杏科	银杏属	芦山县	大川镇	三江村	铁路头	330	25.7	4.2	12.5
银杏	51182600069	银杏科	银杏属	芦山县	大川镇	三江村	铁路头	320	25.8	4.1	13
楠木	51182600070	樟科	楠属	芦山县	大川镇	三江村	铁路头	450	23.4	3.2	11.5
女贞	51182600079	木犀科	女贞属	芦山县	大川镇	小河村	老林坪	320	17.8	2	9
银杏	51182600080	银杏科	银杏属	芦山县	大川镇	小河村	老林坪	380	28	3.7	15
楠木	51182600081	樟科	楠属	芦山县	大川镇	小河村	八角头	460	22	2.8	12.5
樟	51182600082	樟科	樟属	芦山县	大川镇	三江村	长石坝	350	24	3.4	14
柏木	51182600084	柏科	柏木属	芦山县	大川镇	三江村	河边	360	22	2.1	6.5
红豆杉	51182600090	红豆杉科	红豆杉属	芦山县	大川镇	三江村	小杨坎门	400	23	2.9	8
银杏	51182600102	银杏科	银杏属	芦山县	大川镇	三江村	老房基	310	26.3	3.5	14
银杏	51182600103	银杏科	银杏属	芦山县	大川镇	三江村	老房基	310	27.1	4.7	13.5
枫杨	51182600104	胡桃科	枫杨属	芦山县	大川镇	三江村	麻柳湾	320	27.3	6	20.5
枫杨	51182600105	胡桃科	枫杨属	芦山县	大川镇	三江村	麻柳湾	320	26.7	5.9	17
银杏	51182600111	银杏科	银杏属	芦山县	大川镇	三江村	公路边	360	26.7	4.1	14
银杏	51182600112	银杏科	银杏属	芦山县	大川镇	三江村	公路边	360	26.3	3.7	13.5
银杏	51182600113	银杏科	银杏属	芦山县	大川镇	三江村	公路边	360	26.7	3.6	15.5
银杏	51182600114	银杏科	银杏属	芦山县	大川镇	三江村	四合头	440	28.3	4	17.5
银杏	51182600115	银杏科	银杏属	芦山县	大川镇	三江村	筲箕槽	370	27.5	4.3	13.5
楠木	51182600116	樟科	楠属	芦山县	大川镇	三江村	公路边	410	27.3	3.6	13.5
楠木	51182600117	樟科	楠属	芦山县	大川镇	三江村	公路边	440	24.5	3.8	12.5
银杏	51182600140	银杏科	银杏属	芦山县	大川镇	小河村	老林坪	340	29.2	4.3	16.5
女贞	51182600141	木犀科	女贞属	芦山县	大川镇	小河村	老林坪	320	18.5	2.4	14
银杏	51182600144	银杏科	银杏属	芦山县	大川镇	三江村	麻柳湾	310	26.8	4.7	14
银杏	51182600147	银杏科	银杏属	芦山县	双石镇	石凤村	炮通坪	350	27	3.6	14
枫杨	51182600151	胡桃科	枫杨属	芦山县	双石镇	围塔村	围塔	350	20	4	30

续表

树种名称	挂牌编号	科	属	县(区)	乡镇(街道)	村(社区)	小地名	估测树龄	树高(m)	胸围(m)	平均冠幅(m)
楠木	51182600152	樟科	楠属	芦山县	双石镇	石凤村	黑水堰	450	25	3	7.5
楠木	51182600153	樟科	楠属	芦山县	双石镇	石凤村	黑水堰	450	24	2.8	6.5
刺楸	51182600154	五加科	刺楸属	芦山县	双石镇	石凤村	黑水堰	400	22	3.2	12.5
皂荚	51182600158	豆科	皂荚属	芦山县	双石镇	石凤村	泡通坪	300	22	2.5	8.5
枫杨	51182600159	胡桃科	枫杨属	芦山县	双石镇	西川村	灵关路	300	25	3.8	21.5
栗	51182600161	壳斗科	栗属	芦山县	双石镇	石凤村	康家沟	300	25	3	12.5
栗	51182600162	壳斗科	栗属	芦山县	双石镇	石凤村	康家沟	400	22	3.5	13
枫杨	51182600166	胡桃科	枫杨属	芦山县	双石镇	围塔村	湾头	300	25	5	21.5
枫杨	51182600167	胡桃科	枫杨属	芦山县	双石镇	围塔村	湾头	350	25	5	29.5
楠木	51182600168	樟科	楠属	芦山县	双石镇	双河村	林峡	400	15	2.1	9
银杏	51182600169	银杏科	银杏属	芦山县	双石镇	西川村	刘家	400	23	2.7	9
麻栎	51182600170	壳斗科	栎属	芦山县	双石镇	石凤村	坟山地	320	17.3	3.9	9
柯	51182600171	壳斗科	柯属	芦山县	双石镇	石凤村	大花头	400	12	3.9	19
木荷	51182600172	山茶科	木荷属	芦山县	双石镇	双河村	林峡	350	19	2.5	10.5
枫杨	51182600174	胡桃科	枫杨属	芦山县	芦阳镇	大同村	张伙	310	6	2.7	2
枫杨	51182600192	胡桃科	枫杨属	芦山县	思延镇	周村	付家河	300	18	4.7	13
红豆杉	51182700004	红豆杉科	红豆杉属	宝兴县	灵关镇	钟灵社区	楼底下	312	28.1	3	7
红椿	51182700009	楝科	香椿属	宝兴县	陇东镇	复兴村	扑达山	352	21.6	3.8	15
银杏	51182700041	银杏科	银杏属	宝兴县	五龙乡	东风村	杨家房后	312	23.7	3.8	17

名木

树种名称	挂牌编号	科	属	县(区)	乡镇(街道)	村(社区)	小地名	估测树龄	树高(m)	胸围(m)	平均冠幅(m)
木荷	5118020001	山茶科	木荷属	名山区	蒙顶山镇	蒙山村	红军纪念馆	96	19.6	1.6	9
马尾松	51180200324	松科	松属	荥经县	荥河镇	烈士村	1社	70	27.1	1.2	7
马尾松	51180200325	松科	松属	荥经县	荥河镇	烈士村	1社	70	28.5	1.5	6
楠木	51180200024	樟科	楠属	芦山县	龙门镇	古城村	古城坪	1 200	28	7.2	31.5
红豆杉	51180200149	红豆杉科	红豆杉属	芦山县	双石镇	双河村	河边上	980	21	4.8	17

雅安古树名木树种统计表

科	属	种	一级	二级	三级	名木	株数合计
40	66	82	172	199	997	5	1 373
安息香科	白辛树属	白辛树			2		2
柏科	柏木属	柏木	2	13	41		56
	侧柏属	侧柏	2	2	1		5
大风子科	柞木属	柞木			3		3
大戟科	白茶树属	白茶树			2		2
	乌桕属	乌桕			5		5
冬青科	冬青属	冬青			1		1
豆科	合欢属	山槐	1				1
	红豆属	雅安红豆	1				1
	皂荚属	皂荚		5	16		21
杜英科	杜英属	日本杜英			1		1
红豆杉科	红豆杉属	红豆杉	10	3	7	1	21
胡桃科	枫杨属	枫杨	6	17	73		96
虎皮楠科	虎皮楠属	交让木			1		1
桦木科	鹅耳枥属	雷公鹅耳枥			6		6
	桤木属	桤木			1		1
黄杨科	黄杨属	黄杨			1		1
金缕梅科	枫香属	枫香树		1	32		33
壳斗科	柯属	柯		1	28		29
		大叶柯			1		1
		窄叶柯			3		3
	栎属	麻栎		1			1
	栗属	栗	1	2	1		4
	青冈属	青冈	2	2	2		6
		小叶青冈		2	3		5
	锥属	扁刺锥	2	1	19		22
		栲			1		1
苦木科	臭椿属	臭椿			2		2
蓝果树科	珙桐属	珙桐			2		2
楝科	香椿属	香椿			1		1
		红椿		1	1		2
罗汉松科	罗汉松属	罗汉松		1	17		18
木兰科	含笑属	峨眉含笑	3		9		12
	木兰属	光叶玉兰	1				1
木棉科	木棉属	木棉			4		4
木犀科	木犀属	木犀		1	9		10
	女贞属	女贞	2	3	5		10
泡桐科	泡桐属	白花泡桐			2		2

续表

科	属	种	一级	二级	三级	名木	株数合计
40	66	82	172	199	997	5	1 373
漆树科	黄连木属	清香木	6	15	3		24
	南酸枣属	南酸枣			1		1
	漆树属	野漆		2			2
千屈菜科	紫薇属	紫薇	1		6		7
茜草科	香果树属	香果树			1		1
蔷薇科	红果树属	毛萼红果树			1		1
	梨属	沙梨		1	5		6
	枇杷属	枇杷		2			2
	石楠属	石楠			1		1
桑科	榕属	黄葛树	6	27	102		135
		尖叶榕			1		1
		雅榕		1	6		7
	桑属	桑			1		1
		蒙桑			1		1
山茶科	木荷属	木荷		2		1	3
		中华木荷			4		4
	山茶属	茶	7				7
		山茶	1		2		3
山矾科	山矾属	总状山矾			1		1
杉科	杉木属	杉木		3	6		9
	水杉属	水杉			10		10
柿科	柿属	黑皮柿	3	3			6
		柿	1				1
鼠李科	枳椇属	枳椇		1	3		4
	枣属	酸枣		1	1		2
松科	松属	马尾松			2	2	4
		油松			2		2
		云南松	1				1
	油杉属	云南油杉	4	1			5
苏铁科	苏铁属	苏铁			1		1
槭树科	槭属	飞蛾槭	1				1
		梓叶槭			1		1
无患子科	无患子属	无患子		1			1
五加科	刺楸属	刺楸	1	1	11		13
杨柳科	杨属	毛白杨			1		1
		青杨			2		2
银杏科	银杏属	银杏	30	21	138		189
榆科	朴属	朴树	2	2	20		24
樟科	木姜子属	毛豹皮樟	2	2	2		6
	楠属	楠木	67	48	267	1	383
	润楠属	润楠	4	4	21		29
	山胡椒属	广东山胡椒			1		1
		黑壳楠	2	3	13		18
	樟属	樟		2	56		58

参考文献

[1] 中国科学院中国植物志编辑委员会.中国植物志[M].北京：科学出版社，2004.

[2] 李世东.最美古树名木·古树之冠[M].北京：中国林业出版社，2017.

[3] 李世东.最美古树名木·名木之秀[M].北京：中国林业出版社，2017.

[4] 国土绿化杂志.中国最美古树[M].北京：中国画报出版社，2021.

[5] 四川省林业和草原局.四川古树名木[M].北京：人民日报出版社，2021.

[6] 雅安市文化体育和旅游局.雅安市旅游资源保护与利用指南[Z].雅安：2021.

[7] 雅安市文化体育和旅游局.雅安市文化和旅游资源普查报告[Z].雅安：2021.

[8] 雅安市文化体育和旅游局.雅安市野生动植物观赏地专项研究报告[Z].雅安：2021.

[9] 雅安市志编纂委员会.雅安市志[M].北京：方志出版社，2020.

[10] 雅安市林业局.雅安地区林业志[M].成都：四川科学技术出版社，1993.

[11] 曹宏.雅安地区自然地理志[Z].雅安：雅安地区地方志办公室，2000.

[12] 四川蜂桶寨国家级自然保护区管理局、四川省林业科学研究院.四川（宝兴）蜂桶寨国家级自然保护区维管地模植物原色图鉴[M].成都：四川科学技术出版社，2020.

[13] 雅安市林业局.退耕还林在雅安·回望20年[Z].雅安：2019.

[14] 石玉龙，李薛，杨泇靖，等.雅安市古树名木资源调查分析[J].林业建设杂志，2021（6）.

[15] 石玉龙.雅安市多措并举加强古树名木保护管理工作[J].国土绿化杂志，2021（11）.

后记

　　《雅安古树》编撰出版工作，让我们与雅安古树进行了一次跨越时空的对话。

　　雅安古树，它们或长于繁华市井，或生于贫瘠山乡；或隐于溪谷林间，或屹立高山之巅。它们享受过阳光的温暖，春风的和煦；也经历了狂风的呼啸，冰雪的凛冽；它们得到了苍生的呵护，也遭受过雷电的袭击……它们以顽强的生命力，向我们展示着华美、秀丽、苍劲、古朴、坚强、不屈。透过一株株古树，我们领略了它们的百年风华，千载沧桑，王者风范！所以，我们应该倍加敬畏古树，爱护古树，欣赏它们的华美秀丽，探求它们的神奇奥秘，敬仰它们的坚强不屈。

　　怀着对雅安古树的敬畏和自豪，对雅安生态文明的执着与坚守，在雅安市政协党组的组织领导下，《雅安古树》编辑部的同志们，立足记录雅安古树，宣传雅安古树，讴歌雅安生态文明的宗旨，广泛收集文图资料，精心编撰《雅安古树》。

　　《雅安古树》是集体智慧的结晶。雅安市政协主席戴华强确定选题，副主席杨力谋划前期，副主席李景峰担纲主编，副主席陈茂瑜指导选图，市政协其他主席会成员参与审订编撰提纲。雅安市政协文化文史和学习委员会、雅安市林业局共同承担《雅安古树》编撰事务，相关编撰人员广泛收集资料，多方查阅典籍，精准编撰文字，精心挑选图片，精致安排版式，力求完美呈现雅安古树风貌。

在《雅安古树》的编撰工作中，各县区政协鼎力支持，全力组织协调县内相关部门、摄影家协会积极行动，开展文稿撰写和图片拍摄征集工作，尤其在拍摄图片的过程中，县区政协文史委的同志，率领林业工作者和摄影师起早贪黑，走街串巷，进村入院，翻山越岭，用镜头记录下一株株古树的树影；雅安市林业局全力以赴协助本书编撰工作的组织协调、文稿撰写、图片拍摄和审查等工作，石玉龙同志对雅安古树涉及的82个树种的形态特征、分布、主要价值进行了撰稿整理；雅安市摄影家协会也积极承担了图片拍摄的组织工作；四川省林业科学研究院给予了专业支持，辜云杰研究员对全书的文图进行了专业审查，提出了专业的指导意见；四川蜂桶寨国家级自然保护区管理局、雅安市文化体育和旅游局、雅安市住房和城乡建设局、雅安市地方志编纂中心、雅安日报传媒集团，均对本书的编撰工作给予了大力支持，提供了大量资料。在此，我们一并表示衷心的感谢！

从2022年3月全面展开文稿撰写和图片拍摄征集工作，到2022年6月30日定文定图，只用了四个月的时间，由于时间仓促，加之专业水平和编撰能力有限，我们深感《雅安古树》还有许多不足和遗漏，在专业性和可读性、科普性和文史性的结合上，仍值得进一步提高。在此，敬请各位读者谅解，并提出宝贵的意见。

《雅安古树》编辑部

2022年7月

图书在版编目（ＣＩＰ）数据

雅安古树/中国人民政治协商会议四川省雅安市委
员会编著. -- 成都：四川科学技术出版社，2022.9
ISBN 978-7-5727-0680-6

Ⅰ.①雅… Ⅱ.①中… Ⅲ.①树木－介绍－雅安
Ⅳ.①S717.271.3

中国版本图书馆CIP数据核字(2022)第163210号

雅安古树
Ya'an Gushu

编　　著　中国人民政治协商会议四川省雅安市委员会

出 品 人　程佳月
责任编辑　谢　伟
封面设计　宋　丹
装帧设计　何永清
责任出版　欧晓春
出版发行　四川科学技术出版社
　　　　　成都市锦江区三色路238号　邮政编码：610023
　　　　　官方微博：http://weibo.com/sckjcbs
　　　　　官方微信公众号：sckjcbs
　　　　　传真：028-86361756
成品尺寸　210mm×285mm
印　　张　18
字　　数　360千
印　　刷　四川川林印刷有限公司
版　　次　2022年9月第1版
印　　次　2022年9月第1次印刷
定　　价　190.00元

ISBN　978-7-5727-0680-6

邮　　购：成都市锦江区三色路238号新华之星A座25层　邮政编码：610023
电　　话：028-86361770
■版权所有　翻印必究■